工業力学の基礎

福田 勝己
鈴木 健司 共著

コロナ社

まえがき

　工業力学は，工業高等専門学校や大学工学部の機械系の学科において，工学の基礎となる重要な科目である．機械系の学科で学習する力学関連の科目には，材料力学，機械力学，流体力学，熱力学のいわゆる4力学と呼ばれている科目があるが，工業力学は，これらの力学関連の科目の基礎となる科目である．

　教養課程においても多くの学生諸君は物理（物理学）の中で力学を学習したかと思うが，その内容をより実際の機械構造物に応用して学習するのが工業力学である．

　本書では，工業高等専門学校や大学工学部の機械系の学科の低学年において，はじめて工業力学を学習しようとする学生諸君が，基礎知識がほとんどなくても工業力学の基礎を理解し，その諸問題を解決するための糸口を見出すことができるように，基礎事項をよりわかりやすく詳しく解説した．工業力学の習得後に学習する力学関連の科目の入門書として本書を活用してほしい．特に機械工学を志す学生諸君は，本書を繰り返し学習することによってその内容を理解し，工業力学の基礎について理解をより深めていただきたい．本書は，基礎をわかりやすく丁寧に解説しているとはいっても，その内容のレベルを低くしていることはなく，学生諸君にも十分に満足していただける一定のレベルを維持することができたと自負している．

　各章には多くの例題を挙げて，理解を深めるためにできるだけ詳しく解説を加えた．これらの例題には，比較的基本的な問題を精選し，例題を理解するだけで工業力学の基礎が習得できるように心がけた．より深く学習したい学生諸君は，さらに章末の演習問題を解答して理解を深めていただきたい．

　本書での学習によって，工業力学の基礎を理解し，機械工学の基幹科目である工業力学を習得して得られた知識が，今後の学習や研究に繋がれば幸いである．

本書を執筆するにあたり多くの図書を参考にした。また，コロナ社の方々には，本書を出版するにあたり多大なご協力をいただいた。この場を借りて心からお礼申し上げる。

2016 年 10 月

著　者

目 次

0 章　力学を学ぶための準備

0.1　有 効 数 字 ･･ *1*
　　0.1.1　誤差と有効数字 ･･ *1*
　　0.1.2　有効数字を明示する表記法 ････････････････････････････････ *2*
　　0.1.3　有効数字を考慮した測定値の計算方法 ････････････････････ *2*
0.2　力学で用いられる物理量と単位 ････････････････････････････････ *5*
演 習 問 題 ･･ *10*

1 章　力とモーメント

1.1　力 と 力 学 ･･ *11*
　　1.1.1　力 学 の 分 類 ･･･ *11*
　　1.1.2　力とベクトル ･･ *11*
1.2　一点に働く力 ･･ *13*
　　1.2.1　二つの力の合力 ･･ *13*
　　1.2.2　力 の 分 解 ･･･ *15*
　　1.2.3　力 の 成 分 ･･･ *15*
　　1.2.4　一点に働く多数の力の合力 ････････････････････････････････ *16*
1.3　剛 体 に 働 く 力 ･･･ *18*
　　1.3.1　力のモーメント ･･ *18*
　　1.3.2　モーメントの合成 ･･ *21*

目次

   1.3.3　剛体に働く二つの力の合力 …………………………………… 22
   1.3.4　剛体に働く複数の力の合力 …………………………………… 24
1.4　偶　　　　　力 ………………………………………………………… 27
1.5　図　式　解　法 ………………………………………………………… 29
演　習　問　題 ……………………………………………………………… 32

2章　力の釣合い

2.1　一点に働く力の釣合い ………………………………………………… 34
   2.1.1　一点に働く二つの力の釣合い ………………………………… 35
   2.1.2　一点に働く三つ以上の力の釣合い …………………………… 35
2.2　剛体上の複数の点に働く力の釣合い ………………………………… 37
   2.2.1　力の釣合いの条件 ……………………………………………… 37
   2.2.2　剛体に働く力の洗い出し ……………………………………… 38
   2.2.3　剛体に働く二つの力の釣合い ………………………………… 39
   2.2.4　剛体に働く三つの力の釣合い ………………………………… 40
2.3　反　　　　　力 ………………………………………………………… 40
   2.3.1　接触している物体から受ける反力 …………………………… 40
   2.3.2　支点と支点反力 ………………………………………………… 44
2.4　ト　　ラ　　ス ………………………………………………………… 47
   2.4.1　節　　点　　法 ………………………………………………… 48
   2.4.2　切　　断　　法 ………………………………………………… 52
演　習　問　題 ……………………………………………………………… 54

3章　重　　　　　心

3.1　重　　　　　心 ………………………………………………………… 57
3.2　重心位置の測定法 ……………………………………………………… 66

3.3 パップスの定理 ………………………………………………… 68
3.4 物体の安定性と重心 ……………………………………………… 71
 3.4.1 釣合いの安定性 ……………………………………………… 71
 3.4.2 物体の転倒 …………………………………………………… 72
3.5 分布力 ……………………………………………………………… 73
演習問題 ………………………………………………………………… 75

4章 運動学

4.1 並進運動 …………………………………………………………… 78
 4.1.1 直線運動の速さ ……………………………………………… 79
 4.1.2 直線運動の速度 ……………………………………………… 79
 4.1.3 速さ，速度の単位 …………………………………………… 80
 4.1.4 直線運動の加速度 …………………………………………… 82
 4.1.5 等加速度直線運動 …………………………………………… 84
 4.1.6 曲線運動の変位，速度，加速度 …………………………… 85
 4.1.7 放物運動 ……………………………………………………… 87
4.2 相対運動 …………………………………………………………… 92
4.3 回転運動 …………………………………………………………… 94
4.4 等速円運動と等角加速度円運動 ………………………………… 95
演習問題 ………………………………………………………………… 96

5章 質点の動力学

5.1 ニュートンの運動の法則 ………………………………………… 99
 5.1.1 第1法則：慣性の法則 ……………………………………… 99
 5.1.2 第2法則：運動方程式 ……………………………………… 100
 5.1.3 第3法則：作用・反作用の法則 …………………………… 101

5.2 慣　性　力 ……………………………………………… *102*
5.3 求心力と遠心力 ………………………………………… *105*
演 習 問 題 …………………………………………………… *108*

6章　剛体の動力学

6.1 固定軸のまわりの回転運動 …………………………… *109*
　　6.1.1 回転運動の方程式 ……………………………… *109*
　　6.1.2 剛体の回転による不釣合い …………………… *112*
6.2 慣性モーメントに関する定理 ………………………… *114*
6.3 簡単な形状の物体の慣性モーメント ………………… *116*
　　6.3.1 細　い　棒 ……………………………………… *116*
　　6.3.2 長方形の板と直方体 …………………………… *117*
　　6.3.3 円板と直円柱 …………………………………… *118*
　　6.3.4 球 ………………………………………………… *119*
6.4 剛体の平面運動 ………………………………………… *122*
6.5 剛体の平面運動の方程式 ……………………………… *125*
演 習 問 題 …………………………………………………… *131*

7章　摩　　　擦

7.1 静　摩　擦 ……………………………………………… *134*
7.2 摩　擦　角 ……………………………………………… *135*
7.3 動　摩　擦 ……………………………………………… *136*
7.4 転がり摩擦 ……………………………………………… *137*
7.5 機械要素などの摩擦 …………………………………… *139*
　　7.5.1 ベ　ル　ト ……………………………………… *139*
　　7.5.2 ブ　レ　ー　キ ………………………………… *142*

| 7.5.3 くさび ………………………………………… *144*
| 7.5.4 ね　　　　じ ………………………………………… *146*
| 7.5.5 軸　　　　受 ………………………………………… *148*
| 演 習 問 題 ………………………………………………………… *150*

8章　運動量と力積

| 8.1 運　動　量 ……………………………………………………… *152*
| 8.2 力　　　　積 ……………………………………………………… *153*
| 8.3 運動量と力積との関係 ………………………………………… *153*
| 8.4 運動量保存の法則 ……………………………………………… *154*
| 8.5 角運動量と力積のモーメント ………………………………… *158*
| 8.6 角運動量保存の法則 …………………………………………… *159*
| 8.7 物 体 の 衝 突 …………………………………………………… *159*
| 8.7.1 はね返り係数（反発係数） ……………………………… *161*
| 8.7.2 斜 め 衝 突 ………………………………………………… *162*
| 8.7.3 動いている物体どうしの衝突 …………………………… *164*
| 8.7.4 偏 心 衝 突 ………………………………………………… *165*
| 8.7.5 打撃の中心 ………………………………………………… *167*
| 演 習 問 題 ………………………………………………………… *168*

9章　仕事，動力，エネルギー

| 9.1 仕　　　　事 ……………………………………………………… *170*
| 9.1.1 仕事と単位 ………………………………………………… *170*
| 9.1.2 重力がする仕事 …………………………………………… *172*
| 9.1.3 摩擦がする仕事 …………………………………………… *173*
| 9.1.4 ばねがする仕事 …………………………………………… *175*

9.2 動　　　　力 ··· 175
9.3 エネルギー ··· 177
　9.3.1 運動エネルギー ·· 177
　9.3.2 位置エネルギー ·· 178
　9.3.3 回転運動エネルギー ·· 179
　9.3.4 力学的エネルギー保存の法則 ······························ 180
　9.3.5 力学的エネルギー保存の法則の応用 ···················· 181
　9.3.6 てこ，滑車，輪軸 ··· 186
　9.3.7 機 械 の 効 率 ··· 191
演 習 問 題 ·· 192

10章 振　　　　動

10.1 単　振　動 ··· 195
10.2 1自由度系の自由振動 ·· 196
10.3 1自由度系の減衰自由振動 ·· 200
　10.3.1 過減衰（$\zeta > 1$） ·· 201
　10.3.2 臨界減衰（$\zeta = 1$） ·· 202
　10.3.3 不足減衰（$\zeta < 1$） ·· 202
10.4 等 価 ば ね ··· 204
10.5 共　　　　振 ··· 206
10.6 2自由度系の振動 ·· 206
演 習 問 題 ·· 209

引用・参考文献 ·· 210
演習問題解答 ·· 211
索　　　引 ··· 216

0 力学を学ぶための準備

工学では，実社会における物体の運動を理論的に予測したり，ものづくりにおいて材料の強度などの設計を行うために力学を用いる。そのためには，力学現象を数式で表現するだけではなく，物体に働く力や，変位，速度，加速度などを具体的な数値で表して検討していく必要がある。本章では力学を学ぶための準備として，さまざまな物理量を表すための数値，単位などについて学ぶ。

0.1 有 効 数 字

0.1.1 誤差と有効数字

工学で扱う数値は測定値であることが多く，測定値にはある程度の**誤差**（error）を含んでいる。誤差とは測定値と真の値の差のことであり，測定値を x，真の値を a，誤差を Δx とすれば，$\Delta x = x - a$ の関係がある。また，誤差を測定値で割ったもの（$\Delta x/x$）を**相対誤差**（relative error）といい，これに対して誤差 Δx そのものを**絶対誤差**（absolute error）という。

図 0.1 に示すように，ある物体の長さを定規で測定する場合を考える。定規の目盛を目視で読み取ると 17.5 mm と読み取れる。最後の桁の 5 は目分量で読み取っているので ±0.1 mm 程度の誤差を含み，真の値は 17.4 mm から 17.6 mm の間にあると考えられる。この場合「1，7，5」の3桁は測定値として意味のある数字であり，これを**有効数字**（significant figure）という。

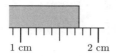

図 **0.1** 定規による長さの測定

一般にアナログ表示の測定器を用いる場合には，最小目盛の 1/10 までを目視で読み取り，有効数字とする。ディジタル表示の測定器では，表示の最小桁までを有効数字とする。

次に，同じ物体をマイクロメータで測定して 17.50 mm という測定値が得られたとする。この場合の誤差は ±0.01 mm 程度と考えられ，末尾の 0 も測定値として意味をもつ。したがって有効数字は「1, 7, 5, 0」の 4 桁となり，末尾の 0 は省略できない。このように有効数字の桁数は測定器の精度によって変化する。また，有効数字が n 桁であれば，n 桁の数値に対して誤差は ±1 以下と考えられるので，相対誤差は $1/10^n$ 程度となる。このように有効数字の桁数は，相対誤差の大きさを表している。

0.1.2 有効数字を明示する表記法

距離の測定値が 1500 m と表記されている場合，末尾の 0 が有効数字であるかどうかは明確ではない。有効数字が 4 桁であることを明示する場合には，1.500×10^3 m と表記し，有効数字が 2 桁であれば 1.5×10^3 m とする。また，0.0250 m のように測定値が 1 より小さい場合には，上位の 0.0 は桁をそろえるためのものであり有効数字ではない。この場合も 2.50×10^{-2} m のように表記すれば，有効数字が 3 桁であることが明確になる。このように有効数字の桁数を明示するためには，小数点より上が 1〜9 の 1 桁の数となるようにして，「〇.〇〇 … $\times 10^n$（n は整数）」の形で表記する。

0.1.3 有効数字を考慮した測定値の計算方法

測定値は，測定精度に応じた有効数字をもっているため，その測定値を用いた計算結果についても有効数字を考慮する必要がある。電卓などを用いて計算された桁数の多い数字には，意味のない数字も含まれるため，計算結果を有効桁数で打ち切る操作が必要である。この操作を，「数値を丸める」という。数値の丸め方は，有効桁の一つ下の桁の数値を四捨五入する方法が一般的であるが，端数がちょうど半分（5, 50, 500 など）のときには，切り上げと切り下げの頻

度を同じにするため，有効数字の最終桁が偶数になるように切り上げまたは切り下げを行う方法もある（JIS Z 8401 規則 A）。

〔1〕 **和と差の計算** 　誤差を含む数値の和・差を計算する場合には，計算結果の有効数字は各数値の「有効桁位」の高いものにそろえる。「有効桁数」には無関係である。以下の例では，誤差を含む数字を下線で示している。

例 1)　$56.346 + 1.23$　　例 2)　$0.50 + 9.73$　　例 3)　$4.35 - 4.28$

```
       56.346              0.50              4.35
    +)  1.23           +)  9.73           -) 4.28
       57.576             10.23              0.07
            8
```

例 1 では，56.346 の有効数字は小数第 3 位まで，1.23 の有効数字は小数第 2 位までであるため，計算結果は有効桁位が高いほうの小数第 2 位まで求めて 57.58 とする（小数第 3 位を四捨五入）。小数第 2 位に誤差が含まれているため小数第 3 位以降を求めても意味がない。例 2，例 3 はともに有効数字が小数第 2 位までの和，差であるので，計算結果も小数第 2 位まで求める。例 2 では，有効数字 2 桁と 3 桁の足し算で，結果は有効数字 4 桁になっている。例 3 では，有効数字 3 桁どうしの引き算で，結果は有効数字 1 桁に減少している（桁落ち）。このように和と差の計算では，「有効桁位」をそろえるため，「有効桁数」は変化する場合がある。

〔2〕 **積・商の計算** 　誤差を含む値の積・商を計算する場合，結果の有効数字は，各数値の「有効桁数」の少ないものにそろえる。

例 4)　5.234×0.358　　例 5)　$543.4 \div 235$

```
           5.234                        2.312
        ×) 0.358                    235) 543.4
          41 872                        470
         261 70                          73 4
        1 570 2                          70 5
        1.873 772                         2 90
                                          2 35
                                            550
```

例 4 は有効数字 4 桁と 3 桁の掛け算であり，計算結果の 3 桁目に誤差を含んでいることがわかる。したがって結果は有効桁数が少ないほうの 3 桁まで求めて 1.87 とする（4 桁目を四捨五入）。例 2 は有効数字 4 桁と 3 桁の割り算であり，計算結果の 3 桁目に誤差を含むことがわかる。結果は有効桁数が少ないほうの 3 桁まで求めて 2.31 とする。

〔3〕 **計算を複数回続けるときの有効数字**　誤差を含む数値を用いた計算を複数回続けて行う場合は，誤差が蓄積されていくため，途中の計算結果の有効数字は 1 桁以上多くとる。電卓で計算を行うときには，途中の計算結果は丸める必要はなく，最後の結果のみを，必要な有効桁数に丸めるようにする。

数学的に定義される定数や精密に測定された数値を用いて計算する場合にも，ある桁数で打ち切った値は近似値となり誤差を含む。例えば円周率は $3.14159265\cdots$ であるが，これを 3 桁で打ち切って 3.14 とすれば誤差は $0.00159\cdots$ となる。打ち切る桁数は，計算に用いるほかの測定値の有効桁数よりも 1 桁以上大きくするのが望ましい。例えば半径 2.94 mm の円の面積を計算する場合，円周率は 3.14 ではなく 3.142，3.1416 などを用い，計算結果の有効数字は 2.94 に合わせて 3 桁とすれば，円周率の誤差の影響は少なくなる。

$$2.94 \times 2.94 \times 3.14 = 27.140\cdots = 27.1 \,\text{mm}^2$$

$$2.94 \times 2.94 \times 3.1416 = 27.154\cdots = 27.2 \,\text{mm}^2$$

また，重力加速度の値は，地球上の場所によって異なり，赤道上では約 $9.78 \,\text{m/s}^2$，北極，南極では約 $9.83 \,\text{m/s}^2$ である。この差は，主に地球の自転による遠心力の違いが原因である。国際度量衡総会では，標準重力加速度の値を $g = 9.80665 \,\text{m/s}^2$ と定めている。本書では特に断りがない限り，重力加速度は $9.81 \,\text{m/s}^2$ を用い，有効数字は 3 桁として計算を行うものとする。

力学の問題文中に「質量 2 kg」などの物理量が出てくる場合，測定値という断りがなければ正確に 2 kg と仮定している場合が多く，有効桁数は無限大と考えて差し支えない。しかし，この値と誤差を含む数値との計算を行う場合には，有効数字を考慮する必要がある。

例題 0.1 銅製の立方体の一辺の長さを測定したところ $23.4\,\mathrm{mm}$ であった。この立方体の体積 $V\,[\mathrm{mm}^3]$ と質量 $m\,[\mathrm{kg}]$ を求めよ。ただし銅の密度は $8.94 \times 10^3\,\mathrm{kg/m^3}$ とする。

解答 測定値の有効数字は 3 桁であるから，計算の過程では 4 桁以上まで求め，結果の有効数字は 3 桁とする（体積を $1.28 \times 10^4\,\mathrm{mm^3}$ として計算すると，$m = 1.14 \times 10^{-1}\,\mathrm{kg}$ となる）。

$$23.4 \times 23.4 \times 23.4 = 12\,812.904 \quad \therefore V = 1.28 \times 10^4\,\mathrm{mm^3}$$

$$1.281 \times 10^4 \times 10^{-9} \times 8.94 \times 10^3 = 0.114\,5\cdots \quad \therefore m = 1.15 \times 10^{-1}\,\mathrm{kg} \;\blacklozenge$$

0.2　力学で用いられる物理量と単位

力学では，力，質量，時間，長さ，速度，加速度など，さまざまな物理量が用いられる。各物理量は，基準となる大きさを示す**単位**（unit）と，その単位の何倍かを示す数値で表される。国際度量衡総会は 1960 年に**国際単位系**（仏：Le Système International d'Unités, 略称 SI）を採用することを決定し，その後，国際標準化機構（ISO）や日本工業規格（現 日本産業規格，JIS）でも SI 単位が導入され，世界的に SI 単位の使用が求められるようになった。

力学で用いられる最も基本的な物理量には，長さ，質量，時間があり，これらの単位を**基本単位**（basic unit）と呼ぶ。SI 単位では，基本単位をメートル〔m〕，キログラム〔kg〕，秒〔s〕とする MKS 単位系が採用されている。基本単位として〔cm〕，〔g〕，〔s〕を用いるものは CGS 単位系と呼ぶ。また，熱力学や電磁気学の単位なども含めると，SI の基本単位は**表 0.1** に示す 7 種類となる。

面積（= 長さ × 長さ，$\mathrm{m^2}$），速さ（= 長さ／時間，m/s）などの単位は，基本単位の組み合わせとして表されるため，**組立単位**（assembly unit）と呼ばれている。また，物理量を，基本物理量である長さ L（length），質量 M（mass），時間 T（time）の組み合わせで表したときの組み合わせ方を**次元**（dimension）

表 0.1 SI 基本単位

量	単位の名称	単位記号
時　間	秒	s
長　さ	メートル	m
質　量	キログラム	kg
電　流	アンペア	A
熱力学温度	ケルビン	K
物質量	モル	mol
光　度	カンデラ	cd

と呼ぶ。面積の次元は L^2，速さの次元は LT^{-1} となる。物理量を表す数式は，その物理量の次元をもつ。数式の次元解析を行うことにより，その式の物理的な意味を確認することができ，式の導出の間違いなどを防ぐことにも役立つ。

例題 0.2　(1)　加速度の次元と単位を求めよ。

(2)　l を振り子の長さ，g を重力加速度とするとき，振り子の周期を表す式は次のうちどちらか。次元解析により判断せよ。

① $\dfrac{1}{2\pi}\sqrt{\dfrac{g}{l}}$ 　② $2\pi\sqrt{\dfrac{l}{g}}$

解答　(1)　加速度＝長さ／時間／時間より加速度の次元は LT^{-2}，単位は〔m/s^2〕。

(2)　2π は定数で次元はなく，重力加速度は LT^{-2} の次元をもつから

$$\dfrac{1}{2\pi}\sqrt{\dfrac{g}{l}} \text{ の次元}：\sqrt{\dfrac{LT^{-2}}{L}}=\sqrt{T^{-2}}=T^{-1}, \quad 2\pi\sqrt{\dfrac{l}{g}} \text{ の次元}：T$$

振り子の周期は時間の次元をもつから，周期の式は②となる。①は振り子の振動数を表し，次元は T^{-1} である。　◆

力を組立単位で表すと，力＝質量×加速度より〔kg·m/s^2〕となるが，一般には力の単位としてニュートン〔N〕が用いられる。このように固有の名称をもつ組立単位を**表 0.2** に示す。また固有の名称をもたない SI 組立単位の例を

表 0.2　固有の名称をもつ組立単位の例

量	単位の名称	単位記号	ほかの SI 単位	SI 基本単位
平面角	ラジアン	rad		$m \cdot m^{-1} = 1$
立体角	ステラジアン	sr		$m^2 \cdot m^{-2} = 1$
周波数	ヘルツ	Hz		s^{-1}
力	ニュートン	N		$m \cdot kg \cdot s^{-2}$
圧力，応力	パスカル	Pa	N/m^2	$m^{-1} \cdot kg \cdot s^{-2}$
エネルギー，仕事，熱量	ジュール	J	$N \cdot m$	$m^2 \cdot kg \cdot s^{-2}$
仕事率，工率，放射束	ワット	W	J/s	$m^2 \cdot kg \cdot s^{-3}$
電荷，電気量	クーロン	C		$s \cdot A$
電位差，電圧，起電力	ボルト	V	W/A	$m^2 \cdot kg \cdot s^{-3} \cdot A^{-1}$
電気容量	ファラド	F	C/V	$m^{-2} \cdot kg^{-1} \cdot s^4 \cdot A^2$
電気抵抗	オーム	Ω	V/A	$m^2 \cdot kg \cdot s^{-3} \cdot A^{-2}$
セルシウス温度	セルシウス度	°C		K

表 0.3　SI 組立単位の例

量	単位の名称	単位記号
面積	平方メートル	m^2
体積	立方メートル	m^3
速さ，速度	メートル毎秒	m/s
加速度	メートル毎秒毎秒	m/s^2
密度	キログラム毎立方メートル	kg/m^3
角速度	ラジアン毎秒	rad/s
角加速度	ラジアン毎秒毎秒	rad/s^2
モーメント，トルク	ニュートンメートル	$N \cdot m$
粘度	パスカル秒	$Pa \cdot s$
表面張力	ニュートン毎メートル	N/m

表 0.3 に示す。

　SI 単位では角度の単位はラジアン〔rad〕であり，角度をラジアンで表すことを**弧度法**（radian measure）と呼ぶ。弧度法では，扇形の中心角（ラジアン）は「円弧の長さ／半径」で定義される。半円弧の中心角が $\pi r/r = \pi\,\mathrm{rad}$ となることから「$180° = \pi\,\mathrm{rad}$」である。角度の次元は $L/L = L^0$，すなわちラジアンは次元をもたない単位であり，以前は補助単位と呼ばれていたが，現在は組立単位に分類される。弧度法を用いると，半径 r〔m〕，角速度 ω〔rad/s〕で

円運動する物体の速さは $r\omega$ [m/s] で表され，$\sin\theta$ を θ [rad] で微分すると $\cos\theta$ になるなど，数式の扱いが容易になる．

力学では，宇宙空間から原子，分子の大きさまでさまざまなスケールの物理量を扱うことから，大きな量，小さな量を表す際にキロメートル [km]，ミリグラム [mg]，マイクロ秒 [μs] のように，単位に接頭語を付ける場合が多い．SI 接頭語を**表 0.4** に示す．

表 0.4 SI 接頭語

10^{30}	クエタ (quetta)	Q	10^{-1}	デシ (deci)	d
10^{27}	ロナ (ronna)	R	10^{-2}	センチ (centi)	c
10^{24}	ヨタ (yotta)	Y	10^{-3}	ミリ (milli)	m
10^{21}	ゼタ (zetta)	Z	10^{-6}	マイクロ (micro)	μ
10^{18}	エクサ (exa)	E	10^{-9}	ナノ (nano)	n
10^{15}	ペタ (peta)	P	10^{-12}	ピコ (pico)	p
10^{12}	テラ (tera)	T	10^{-15}	フェムト (femto)	f
10^{9}	ギガ (giga)	G	10^{-18}	アト (atto)	a
10^{6}	メガ (mega)	M	10^{-21}	ゼプト (zepto)	z
10^{3}	キロ (kilo)	k	10^{-24}	ヨクト (yocto)	y
10^{2}	ヘクト (hecto)	h	10^{-27}	ロント (ronto)	r
10^{1}	デカ (deca)	da	10^{-30}	クエクト (quecto)	q

表 0.5 に示す単位は，SI 単位には含まれていないが日常生活で広く用いられており，国際度量衡委員会により SI 単位と併用することが認められている．

表 0.5 SI 併用単位

量	単位の名称と記号	SI 単位への変換
時間	分 [min]	$1\,\text{min} = 60\,\text{s}$
	時 [h]	$1\,\text{h} = 60\,\text{min} = 3\,600\,\text{s}$
	日 [d]	$1\,\text{d} = 24\,\text{h} = 86\,400\,\text{s}$
角度	度 [°]	$1° = \pi/180\,\text{rad}$
	分 [']	$1' = 1/60° = \pi/10\,800\,\text{rad}$
	秒 ['']	$1'' = 1/60' = 1/3\,600° = \pi/648\,000\,\text{rad}$
面積	ヘクタール [ha]	$1\,\text{ha} = 10\,000\,\text{m}^2$
体積	リットル [L], [l]	$1\,\text{L} = 0.001\,\text{m}^3$
質量	トン [t]	$1\,\text{t} = 1\,000\,\text{kg}$

また，SI 併用単位以外にも，慣習的によく用いられる単位がある。質量 1 kg の物体に働く重力（重量）を，1 キログラム重〔kgw〕または 1 キログラムフォース〔kgf〕と表すことがある。これは古くから工業関係で用いられてきた単位で，重力単位系と呼ばれる。

モータやエンジンなどの回転速度を表す単位としては，1 分間当りの回転数である〔rpm（revolution per minute）〕がよく用いられる。3 000 rpm は，1 秒当り $3\,000 \div 60 = 50$ 回の回転となるから，角速度（1 秒当りの回転角）に変換すると $2\pi \times 50 = 100\pi$〔rad/s〕となる。

エンジンなどの出力（仕事率）を表す単位として，馬力〔PS〕がよく用いられる。もともとは馬 1 頭のもつ仕事率が 1 馬力であるが，今日では，英馬力，仏馬力などが定義されている。日本ではメートル法に基づく仏馬力が用いられており，$1\,\mathrm{PS} = 735.498\,75\,\mathrm{W} = 75\,\mathrm{kgf \cdot m/s}$ である。

また，アメリカではヤードポンド法が広く用いられている。1 ヤード〔yd〕= 3 フィート〔ft〕= 36 インチ〔in〕= $1/1\,760$ マイル〔ml〕= $0.914\,4\,\mathrm{m}$，1 ポンド〔lb〕= 16 オンス〔oz〕= $0.453\,592\,37\,\mathrm{kg}$ と定義されている。

物理量を表す数式には，アルファベットに加えてギリシャ文字がよく用いられる。ギリシャ文字の読み方を**表 0.6** に示す。

表 0.6 ギリシャ文字の読み方

大文字	小文字	読み方	英語	大文字	小文字	読み方	英語
A	α	アルファ	alpha	N	ν	ニュー	nu
B	β	ベータ	beta	Ξ	ξ	クサイ，グザイ	xi (ksi)
Γ	γ	ガンマ	gamma	O	o	オミクロン	omicron
Δ	δ	デルタ	delta	Π	π	パイ	pi
E	ε	イプシロン	epsilon	P	ρ	ロー	rho
Z	ζ	ゼータ	zeta	Σ	σ	シグマ	sigma
H	η	イータ	eta	T	τ	タウ	tau
Θ	θ	シータ	theta	Y	υ	ウプシロン	upsilon
I	ι	イオタ	iota	Φ	ϕ, φ	ファイ	phi
K	κ	カッパ	kappa	X	χ	カイ	chi (khi)
Λ	λ	ラムダ	lambda	Ψ	ψ	プサイ	psi
M	μ	ミュー	mu	Ω	ω	オメガ	omega

演 習 問 題

【1】 (1) 1 rad は何°か。
(2) 70° は何 rad か。
(3) 半径 r〔m〕，中心角 θ〔rad〕の扇型の面積はいくらか。
(4) 45 km/h は何 m/s か。
(5) 750 rpm は何 rad/s か。
(6) 20 kgf は何 N か。

【2】 長方形の鉄板の大きさを測定したところ，縦が 95.0 cm，横が 215.0 cm，厚さが 2.5 mm であった。この材料の密度が 7.80×10^3 kg/m^3 のとき，有効数字を考慮して板の質量を計算せよ。

【3】 m を質量，l を長さ，g を重力加速度，k をばね定数，F を力とする。
(1) ばね定数 k の次元を求めよ。
(2) 「○○ の周期を求めよ」という問題に対して，正解となり得るものを，次元解析により求めよ。

① $\dfrac{1}{2\pi}\sqrt{\dfrac{k}{m}}$ ② $2\pi\sqrt{\dfrac{2lm}{3F}}$ ③ $\dfrac{kl^2}{mg}$ ④ $\sqrt{\dfrac{2g}{l}}$

1 力とモーメント

　静止している物体を動かしたり，バットでボールを打ったり，ばねを伸ばしたりするときには，力を加える必要がある。このように物体の運動状態を変化させたり，物体を変形させたりする働きを**力**（force）という。また力には，物体を回転させようとする働きもあり，これを**力のモーメント**（moment of force）と呼ぶ。本章では力とモーメントに関する基本的な事項について解説する。

1.1 力と力学

1.1.1 力学の分類

　力学（mechanics）は，物体に働く力と，その力によって生じる物体の運動や変形を調べる学問であり，力が釣り合っていて物体が静止している状態を扱う**静力学**（statics）と，力によって生じる運動を扱う**動力学**（dynamics）に大別される。本書では1〜3章で静力学，4章以降で動力学について述べる。また，物体に力が加わったときの変形や破壊については，材料力学，弾塑性力学，破壊力学などで学ぶことになる。本書では，物体の変形は十分に小さいと仮定した**剛体**（rigid body）を主な対象として，力の釣合いや運動について取り扱うが，9章，10章では，ばねの変形についても取り扱う。

1.1.2 力とベクトル

　力は，大きさ，方向と向き，力が働く点によってその効果が異なる。力を図示するときには，**図 1.1**に示すように，力が働く点Oから，力の方向に，力の大き

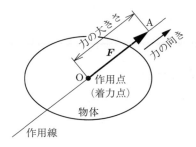

図 1.1 力の3要素

さ F に比例した長さをもつ線分 OA を描き，力の向きに矢印を付けて表す．力が働く点を**作用点**（point of action），または**着力点**（point of application）といい，作用点を通り，力の方向を与える直線を**作用線**（line of action）という．力の大きさ，向き，作用点を**力の3要素**（three elements of force）と呼ぶ．

一般に，大きさと向きをもつ量を**ベクトル**（vector）と呼び，矢印によって図示される．力，変位，速度，加速度，電界，磁界などはベクトル量である．これに対し，質量，長さ，温度，時間など，大きさのみをもつ量を**スカラー**（scalar）と呼ぶ．力 F がベクトル量であることを示すときには，肉太文字 $\bm{F}$，または矢印を付けた文字 $\vec{F}$ を用いて表記する．また，図1.1のように力 $\bm{F}$ が始点 O，終点 A のベクトルであるとき，$\bm{F} = \overrightarrow{\mathrm{OA}}$ などと表す．力の大きさを表すときには，細字の F，またはベクトルに絶対値記号を付けた $|\bm{F}|$，$|\vec{F}|$ などを用いる．

図1.2のように，物体上に大きさと向きが等しい二つの力 $\bm{F}_1$ と $\bm{F}_2$ が加わるとき，ベクトル $\bm{F}_1$ と $\bm{F}_2$ は等しいが，作用線が異なるため物体に与える効

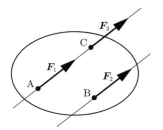

図 1.2 作用点の異なる力

果は異なる。また，F_1 と F_3 のように，大きさと向きが等しい二つの力が同一作用線上にあるときには，二つの力の効果は等しい。すなわち，物体に働く力は，その作用線上を移動しても物体に及ぼす効果は変わらない。このことについては，1.3 節で詳しく述べる。

● **方向と向き**　日常生活では，方向と向きは，特に区別することなく用いる場合が多いが，学術的には区別して用いる。方向は，東西方向，上下方向など，直線の傾きを表し，向きは東向き，上向きなど，直線上のどちら側に向かっているかを表す。したがって一つの方向に対して二つの向きがあり，方向は直線または線分によって図示され，向きは矢印の矢によって図示される。

● **力の単位**　SI 単位では，質量 $1\,\mathrm{kg}$ の物体に $1\,\mathrm{m/s^2}$ の加速度を生じさせる力の大きさを $1\,\mathrm{N}$（ニュートン）と定めている。$1\,\mathrm{N} = 1\,\mathrm{kg} \times 1\,\mathrm{m/s^2} = 1\,\mathrm{kg \cdot m/s^2}$ である。また，質量 $1\,\mathrm{kg}$ の物体に働く重力の大きさは，地球上の場所によって異なるが，重力加速度の国際標準値である $g = 9.80665\,\mathrm{m/s^2}$ を用いると，$9.80665\,\mathrm{N}$ となる。この力を重量単位系では，$1\,\mathrm{kgf}$ または $1\,\mathrm{kgw}$（キログラム重）と表す。

1.2　一点に働く力

一点 O に複数の力が働くとき，これらの力と同じ働きをする一つの力のことを **合力**（resultant force）といい，合力を求めることを **力の合成**（composition of forces）という。

1.2.1　二つの力の合力

図 1.3 (a) のように一点 O に二つの力 F_1, F_2 が働くとき，F_1, F_2 を二辺とする平行四辺形の対角線 OC によって表される力が合力 R となる。これはベクトル F_1, F_2 の和に相当する。また図 (b) のように力 F_1 の終点 A に力 F_2 の始点を移動させ，F_1 の始点 O から F_2 の終点 C に至るベクトルを求めても合力 R が得られる。このときに作られる三角形 OAC を **力の三角形**（triangle

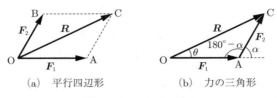

図 1.3 二つの力の合力

of forces）と呼ぶ。

二つの力の合力の大きさと向きは，計算によっても求めることができる。図 (b) のように F_1，F_2 のなす角を α，F_1 と R のなす角を θ とし，力の三角形 OAC に余弦定理を用いると，合力の大きさ R は式 (1.1) で表される。

$$R = \sqrt{F_1{}^2 + F_2{}^2 - 2F_1F_2\cos(180° - \alpha)} = \sqrt{F_1{}^2 + F_2{}^2 + 2F_1F_2\cos\alpha} \tag{1.1}$$

また，正弦定理を用いると

$$\frac{R}{\sin(180° - \alpha)} = \frac{F_2}{\sin\theta} \tag{1.2}$$

$$\therefore \sin\theta = \frac{F_2}{R}\sin(180° - \alpha) = \frac{F_2}{R}\sin\alpha \tag{1.3}$$

例題 1.1 一点 O に働く二つの力 F_1，F_2 の大きさがそれぞれ 20 N，30 N，それらのなす角が 120° のとき，F_1，F_2 の合力 R の大きさと向きを求めよ。

解答 合力 R の大きさは

$$R = \sqrt{F_1{}^2 + F_2{}^2 + 2F_1F_2\cos\alpha} = \sqrt{20^2 + 30^2 + 2 \times 20 \times 30 \times \cos 120°}$$
$$= \sqrt{400 + 900 - 600} = \sqrt{700} = 26.46 \quad \therefore R = 26.5\,\text{N}$$

合力 R の F_1 に対する角度を θ とすれば

$$\sin\theta = \frac{F_2}{R}\sin\alpha = \frac{30}{26.46}\sin 120° = 0.981\,9$$
$$\therefore \theta = \sin^{-1} 0.981\,9 = 79.1°$$

◆

1.2.2 力の分解

力の合成とは逆に，一つの力が与えられたとき，それと同じ働きをする二つの力を求めることを**力の分解**（decomposition of force）といい，力の分解によって得られる力を**分力**（component of force）と呼ぶ。**図1.4**のように力 F を与えられた二直線 l_1, l_2 の方向に分解するには，力 F を対角線とし，l_1, l_2 を二辺とする平行四辺形を作れば，その二辺 F_1, F_2 が分力となる。

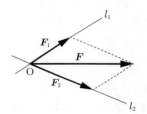

図 1.4　力の分解

例題 1.2　船を進行方向にひくのに 10 kN の力が必要であるとする。**図1.5**のように二つの方向からロープを引く場合，それぞれのロープにはいくらの力が働くか。

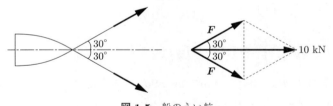

図 1.5　船のえい航

解答　求める力の大きさを F とすれば

$$2F\cos 30° = 10 \quad \therefore F = \frac{5}{\cos 30°} = 5.77\,\text{kN} \qquad \blacklozenge$$

1.2.3 力の成分

図1.6のように力 F の始点を xy 平面上の原点に合わせるとき，F の終点 P

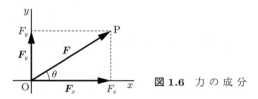

図 1.6 力の成分

の x 座標，y 座標をそれぞれ力 $\boldsymbol{F}$ の x 成分，y 成分といい，F_x，F_y などと表す。力 $\boldsymbol{F}$ が x 軸の正の向きとなす角を θ（反時計回りを正）とすれば，力の成分は式 (1.4) で表される。

$$F_x = F\cos\theta, \quad F_y = F\sin\theta \tag{1.4}$$

力 $\boldsymbol{F}$ の x 軸方向，y 軸方向の分力を $\boldsymbol{F}_x$，$\boldsymbol{F}_y$ とすれば，その大きさは $|F_x|$，$|F_y|$ に等しく，向きは F_x，F_y の符号と対応する。また，$\boldsymbol{F}$ の成分 F_x，F_y が与えられたとき，$\boldsymbol{F}$ の大きさ F，x 軸とのなす角 θ は，式 (1.5)，式 (1.6) により求められる。

$$F = \sqrt{F_x{}^2 + F_y{}^2} \tag{1.5}$$

$$\begin{cases} \theta = \tan^{-1}\dfrac{F_y}{F_x} & (F_x > 0 \text{ のとき}) \\ \theta = \tan^{-1}\dfrac{F_y}{F_x} + 180° & (F_x < 0 \text{ のとき}) \end{cases} \tag{1.6}$$

逆正接関数の値域は $-90° < \tan^{-1} x < 90°$ であるので，$F_x < 0$（$90° < \theta < 270°$）の場合には $180°$ 反転させなければならない。$F_x = 0$ のときには，$F_y > 0$ ならば $\theta = 90°$，$F_y < 0$ ならば $\theta = -90°$ である。

1.2.4 一点に働く多数の力の合力

〔1〕 **力の多角形の利用** 三つ以上の力が一点に働くとき，図 1.7 のように一つの力の終点に次の力の始点を移し，これを次々につないでいけば，最初の力の始点から最後の力の終点に至るベクトルが合力 $\boldsymbol{R}$ を与える。このようにして描かれる多角形を**力の多角形**（polygon of forces）という。

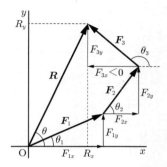

図 1.7 三つ以上の力の合力

〔2〕 **成分の利用** 複数の力の合力の大きさと向きを計算するためには，力の成分を用いるのが便利である。n 個の力 $\boldsymbol{F}_i$ $(i=1,2,\cdots,n)$ の成分を F_{ix}, F_{iy}, x 軸となす角を θ_i とすると，合力 $\boldsymbol{R}$ の成分 R の大きさ，向きは次のようになる。

$$R_x = F_{1x} + F_{2x} + \cdots + F_{nx} = F_1\cos\theta_1 + F_2\cos\theta_2 + \cdots + F_n\cos\theta_n$$
$$= \sum_{i=1}^{n} F_i \cos\theta_i \tag{1.7}$$

$$R_y = F_{1y} + F_{2y} + \cdots + F_{ny} = F_1\sin\theta_1 + F_2\sin\theta_2 + \cdots + F_n\sin\theta_n$$
$$= \sum_{i=1}^{n} F_i \sin\theta_i \tag{1.8}$$

$$R = \sqrt{R_x{}^2 + R_y{}^2} \tag{1.9}$$

$$\begin{cases} \theta = \tan^{-1}\dfrac{R_y}{R_x} & (R_x > 0\ \text{のとき}) \\[2mm] \theta = \tan^{-1}\dfrac{R_y}{R_x} + 180° & (R_x < 0\ \text{のとき}) \end{cases} \tag{1.10}$$

例題 1.3 図 1.8 に示す四つの力の合力を求めなさい。

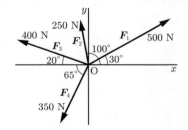

図 1.8 三つ以上の力の合力

解答 表 1.1 のような表を作って計算すると便利である。

表 1.1

i	F_i	θ_i	F_{ix}	F_{iy}
1	500 N	30°	$500\cos 30° = 433.0$ N	$500\sin 30° = 250.0$ N
2	250 N	100°	$250\cos 100° = -43.4$ N	$250\sin 100° = 246.2$ N
3	400 N	160°	$400\cos 160° = -375.9$ N	$400\sin 160° = 136.8$ N
4	350 N	245°	$350\cos 245° = -147.9$ N	$350\sin 245° = -317.2$ N
合 計			$R_x = -134.2$ N	$R_y = 315.8$ N

合力の大きさと向きは，次のようになる。

$$R = \sqrt{R_x{}^2 + R_y{}^2} = \sqrt{(-134.2)^2 + 315.8^2} = 343\,\text{N}$$

$R_x < 0$ より

$$\theta = \tan^{-1}\left(\frac{315.8}{-134.2}\right) + 180° = 113°$$

◆

1.3 剛体に働く力

剛体（rigid body）は，外から力を加えても変形しない仮想的な物体のことである。変形しないとは，物体内の各点が互いにその相対位置を変えないことを意味する。実在する物体は，力を加えれば多少なりとも変形するが，物体の大きさや変位に対して変形が小さいときには，剛体であると仮定して議論することができる。本書でも，ばねやロープなどを除いて物体は剛体であると仮定する。前節では，力が一点に働く場合の釣合いを考えたが，剛体に働く力を考える場合，力の大きさと向きのほかに着力点や作用線の位置を考慮する必要がある。

1.3.1 力のモーメント

図 1.9 のように剛体が点 O のまわりに自由に回転できるようにピンで固定されているとき，剛体上の点 A，B に同じ大きさと向きの力 $\boldsymbol{F}_1$, $\boldsymbol{F}_2$ を加えると，

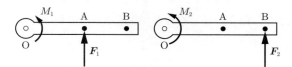

図 1.9 剛体を回転させようとする作用

剛体を回転させようとする作用の大きさ M は，点 O から遠い点 B に力を加えたほうが大きくなる $(M_2 > M_1)$。このように同じ大きさと向きをもつ力でも，着力点が異なれば剛体を回転させようとする作用が異なる。

図 1.10 (a) のように，物体上の点 A に力 $\boldsymbol{F}$ が働くとき，ある点 O のまわりに物体を回転させようとする作用の大きさ M は，力の大きさを F，点 O から力の作用線までの距離を l とすれば，式 (1.11) で表される。

$$\begin{cases} M = Fl & （回転の向きが反時計回りのとき） \\ M = -Fl & （回転の向きが時計回りのとき） \end{cases} \quad (1.11)$$

この M を**力のモーメント** (moment of force) といい，l を**モーメントの腕** (moment arm) と呼ぶ。力のモーメントは，回転の向きにより正または負の値をとり，単位はニュートンメートル〔N·m〕である。この定義から，図 (c) において，力 $\boldsymbol{F}$ の着力点 A を，同じ作用線上の点 B に移動しても力のモーメントは変化しないが，同じ作用線上にはない点 C に移動すれば力のモーメントは変化し，点 O からの距離が遠くなるほど，力のモーメントが大きくなる。このことから

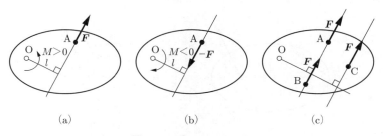

図 1.10 力のモーメント

(1) 力は，その作用線上を移動しても物体に及ぼす効果は変わらない。
(2) 力の大きさ，向きが等しくても，作用線が異なれば力のモーメントが異なる。

といえる。

図 1.11 (a) において，点 O と着力点 A を結ぶ直線 OA の長さを a, $\overrightarrow{OA}$ に対する力ベクトル $\boldsymbol{F}$ の角度を θ（反時計回りを正）とすれば，モーメントの腕は $l = |a\sin\theta|$ となり，力のモーメントは符号も含めて式 (1.12) で表される。

$$M = Fa\sin\theta \tag{1.12}$$

また力 $\boldsymbol{F}$ の OA と垂直な方向の成分は $F\sin\theta$ となるので（図 (b)），力のモーメントは次の二通りのとらえ方ができる。

$$（力のモーメント）= （力の大きさ）\times （モーメントの腕）$$
$$= F \times a\sin\theta$$
$$（力のモーメント）= （力 \boldsymbol{F} の OA に垂直な成分）\times （OA の長さ）$$
$$= F\sin\theta \times a$$

2 番目の式より，点 A に働く力は，OA に垂直な成分のみが O のまわりのモーメントに寄与することがわかる。また，図 (a) において $\sin\theta = \sin\theta'$ となるので，θ のかわりに θ' を用いてもモーメントを計算することができる。

工学の用語では，車や軸を回転させようとするモーメントを**トルク**（torque）と呼ぶ。また，モータやエンジンなどで軸を回転させれば，力によらず直接的

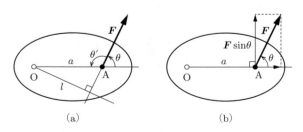

図 1.11 モーメントの二通りのとらえ方

にモーメント（またはトルク）を発生させることができる。これを**純粋モーメント**（pure moment）と呼ぶことがある。

1.3.2　モーメントの合成

図 **1.12** に示すように，点 A に働く二つの力 $\boldsymbol{F}_1$，$\boldsymbol{F}_2$ による点 O のまわりのモーメントを考える。OA の方向が x 軸となるように座標系 O-xy をとり，OA $= a$，$\boldsymbol{F}_1$，$\boldsymbol{F}_2$ と x 軸とのなす角をそれぞれ θ_1，θ_2 とする。また $\boldsymbol{F}_1$，$\boldsymbol{F}_2$ の合力を $\boldsymbol{R}$ とし，$\boldsymbol{R}$ と x 軸とのなす角を θ とする。力 $\boldsymbol{F}_1$，$\boldsymbol{F}_2$ による点 O のまわりのモーメントの和は

$$M = F_1 a \sin\theta_1 + F_2 a \sin\theta_2 = (F_1 \sin\theta_1 + F_2 \sin\theta_2)a$$
$$= (F_{1y} + F_{2y})a = R_y a = Ra\sin\theta \tag{1.13}$$

よって，ある点のまわりの二つの力のモーメントの和は，力の合力のモーメントに等しいことがわかる。同様にして「同一平面内にある二つ以上の力のある点のまわりのモーメントの和は，その点のまわりの合力のモーメントに等しい」ことを導くことができる。これを**バリニオンの定理**（Varignon's theorem）という。

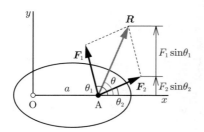

図 **1.12**　バリニオンの定理

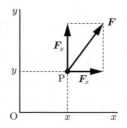

図 **1.13**　力のモーメントの成分表示

次に，図 **1.13** のように xy 平面内の一点 $P(x, y)$ に働く力 $\boldsymbol{F}$ による原点のまわりのモーメント M を考える。$\boldsymbol{F}$ を x 軸方向と y 軸方向の分力 $\boldsymbol{F}_x$，$\boldsymbol{F}_y$ に分解すると，$\boldsymbol{F}_x$ によるモーメントは $-F_x y$（時計回り），$\boldsymbol{F}_y$ によるモーメン

トは $F_y x$(反時計回り)となるから,$\boldsymbol{F}_x$,$\boldsymbol{F}_y$ の合力 $\boldsymbol{F}$ によるモーメントは,バリニオンの定理より

$$M = F_y x - F_x y \tag{1.14}$$

と表すことができる。

例題 1.4 図 1.14 に示す曲がった棒の先端 A に働く力 $\boldsymbol{F}$ による,点 O のまわりのモーメントを求めよ。

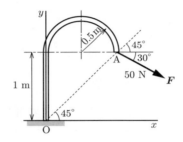

図 1.14 曲がった棒に働く力のモーメント

解答 1 点 A の座標は $(1, 1)$,$F_x = 50\cos(-30°) = 43.30\,\text{N}$,$F_y = 50\sin(-30°) = -25.00\,\text{N}$ より

$$M = F_y x - F_x y = -25.00 \times 1 - 43.30 \times 1 = -68.3\,\text{N}\cdot\text{m} \qquad \blacklozenge$$

解答 2 $\overrightarrow{\text{OA}}$ に対して $\boldsymbol{F}$ のなす角は $-(45° + 30°) = -75°$(時計回りに 75°)となるから

$$M = F \times \overrightarrow{\text{OA}} \times \sin(-75°) = 50 \times \sqrt{2} \times \sin(-75°) = -68.3\,\text{N}\cdot\text{m} \qquad \blacklozenge$$

1.3.3 剛体に働く二つの力の合力

剛体内の異なる着力点に働く複数の力の合力を求めるときには,合力の大きさ,向きのほかに作用線の位置を求める必要がある。

図 1.15 のように,剛体上の二つの点 A, B に,互いに平行ではない力 $\boldsymbol{F}_1$,

1.3 剛体に働く力　23

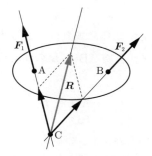

図 1.15 平行ではない二つの力の合力

F_2 が働くとき，二つの力の作用線の交点 C に着力点を移動させ，そこで F_1, F_2 を合成することにより，合力 R を求めることができる。R の着力点は，点 C を通る作用線上であればどこに移動してもよい。

F_1 と F_2 が互いに平行で同じ向きのとき，合力の大きさは $R = F_1 + F_2$，向きは F_1, F_2 と同じ向きになるが，作用線の位置を作図により求めるためには工夫が必要である。**図 1.16** (a) のように，着力点 A, B に大きさが等しく向きが逆の直線 AB 上の力 $-F$, F を加える。この一組の力の合力は 0 だから，全体の合力 R に影響を与えない。F_1 と $-F$ の合力を F_1'，F_2 と F の合力を F_2' とすれば，F_1' と F_2' は平行ではないので合力が求められ，F_1 と F_2 の

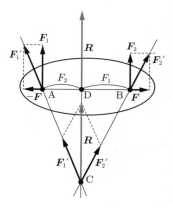

(a) F_1 と F_2 の向きが同じ場合

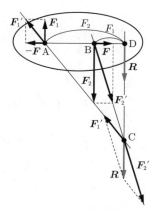

(b) F_1 と F_2 の向きが反対の場合

図 1.16 平行な二つの力の合力

合力 R に等しくなる。

F_1' と F_2' の作用線の交点を C とすれば，合力 R の作用線は点 C を通り F_1, F_2 に平行な直線になる。直線 AB と R の作用線の交点を D とすれば，相似三角形の関係より

$$\frac{\mathrm{AD}}{\mathrm{DC}} = \frac{F}{F_1}, \quad \frac{\mathrm{BD}}{\mathrm{DC}} = \frac{F}{F_2} \quad \therefore \frac{\mathrm{AD}}{\mathrm{BD}} = \frac{F_2}{F_1} \tag{1.15}$$

点 D は，線分 AB を二つの力の大きさの逆比 $(F_2 : F_1)$ に内分する点になる。

図 1.16 (b) のように，平行力 F_1 と F_2 の向きが反対のときにも，同様の方法で合力 R を求めることができる。R の大きさは $|F_1 - F_2|$，向きは F_1 と F_2 の大きいほうの向きと同じである。R の作用線と直線 AB の交点 D の位置は，線分 AB を二つの力の大きさの逆比 $(F_2 : F_1)$ に外分する点となる。

1.3.4　剛体に働く複数の力の合力

図 1.17 (a) のように，剛体に n 個の力 $F_1, F_2, \cdots, F_n$ がそれぞれ点 $A_1(x_1, y_1)$ から点 $A_n(x_n, y_n)$ に働いているとき，これらの力の合力 R の大きさと向きは，力の成分を用いて次のように計算することができる。

$$R_x = F_{1x} + F_{2x} + \cdots + F_{nx} = \sum_{i=1}^{n} F_i \cos \theta_i \tag{1.16}$$

$$R_y = F_{1y} + F_{2y} + \cdots + F_{ny} = \sum_{i=1}^{n} F_i \sin \theta_i \tag{1.17}$$

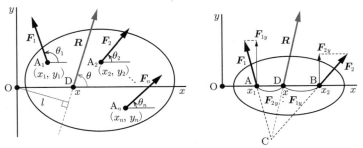

(a) 複数の力の合力　　(b) x 軸上の二点に働く力の合力

図 **1.17**　複数の力の合成

$$R = \sqrt{R_x{}^2 + R_y{}^2} \tag{1.18}$$

$$\begin{cases} \theta = \tan^{-1}\left(\dfrac{R_y}{R_x}\right) & (R_x > 0 \text{ のとき}) \\ \theta = \tan^{-1}\left(\dfrac{R_y}{R_x}\right) + 180° & (R_x < 0 \text{ のとき}) \end{cases} \tag{1.19}$$

$\boldsymbol{R}$ の作用線の位置は，任意の点のまわりの各力のモーメントの和が，合力 $\boldsymbol{R}$ のモーメントに等しいことから求めることができる．$\boldsymbol{R}$ の作用線と x 軸との交点 D の座標を x として，原点 O のまわりのモーメント M を求めると

$$M = \sum_{i=1}^{n}(F_{iy}x_i - F_{ix}y_i) = Rx\sin\theta = R_y x \tag{1.20}$$

$$\therefore x = \frac{M}{R_y} = \frac{1}{R_y}\sum_{i=1}^{n}(F_{iy}x_i - F_{ix}y_i) \tag{1.21}$$

また，原点から合力 $\boldsymbol{R}$ の作用線までの距離を l とすれば

$$\therefore l = \frac{|M|}{R} \tag{1.22}$$

図 1.17 (a) において，原点から距離 l の作用線の位置は x 軸の正の側と負の側の二通りが考えられるが，$\boldsymbol{R}$ による原点のまわりのモーメントの向きが M の符号と一致するように選ぶ．図 (a) は $M > 0$（反時計回り）の場合を示している．

図 (b) のように二つの力 $\boldsymbol{F}_1$, $\boldsymbol{F}_2$ が x 軸上の二点 A, B に働く場合には，式 (1.21) より，合力 $\boldsymbol{R}$ の着力点 D の x 座標は式 (1.23) で表される．

$$x = \frac{F_{1y}x_1 + F_{2y}x_2}{F_{1y} + F_{2y}} \tag{1.23}$$

$$\overline{\text{AD}} = x - x_1 = \frac{F_{2y}(x_2 - x_1)}{F_{1y} + F_{2y}}, \quad \overline{\text{DB}} = x_2 - x = \frac{F_{1y}(x_2 - x_1)}{F_{1y} + F_{2y}} \tag{1.24}$$

この結果は式 (1.15) を一般化したものであり，x 軸上の二点 A, B に二つの力 $\boldsymbol{F}_1$, $\boldsymbol{F}_2$ が働くとき，合力 $\boldsymbol{R}$ の着力点の位置は，線分 AB を $F_{2y} : F_{1y}$ に分ける点であることがわかる．

例題 1.5 図 1.18 のように一辺 40 cm の正三角形の各頂点に働く三つの力の合力を求めよ。

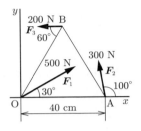

図 1.18　剛体に働く三つの力の合力

[解答] 複数の力の合力を求めるときには，表 1.2 のような表を用いると便利である。

表 1.2　合力の計算

i	F_i	θ_i	x_i	y_i	$F_{ix} = F_i \cos\theta_i$	$F_{iy} = F_i \sin\theta_i$	$M_i = F_{iy}x_i - F_{ix}y_i$
1	500 N	30°	0 m	0 m	433.0 N	250.0 N	0 N·m
2	300 N	100°	0.4 m	0 m	−52.09 N	295.4 N	118.2 N·m
3	200 N	180°	0.2 m	0.346 4 m	−200.0 N	0 N	69.28 N·m
合計					$R_x = 180.9$ N	$R_y = 545.4$ N	$M = 187.5$ N·m

原点のまわりのモーメントは，次の式からも計算できる。

$$M = F_2 \overline{\mathrm{OA}} \sin 100° + F_3 \overline{\mathrm{OB}} \sin 120°$$
$$= 300 \times 0.4 \times \sin 100° + 200 \times 0.4 \times \sin 120° = 187.5 \,\mathrm{N \cdot m}$$

以上より，合力の大きさ R，x 軸とのなす角 θ，x 軸と $\boldsymbol{R}$ の作用線の交点の座標 x，原点から $\boldsymbol{R}$ の作用線までの距離 l は，それぞれ次のようになる。

$$R = \sqrt{R_x^2 + R_y^2} = \sqrt{180.9^2 + 545.4^2} = 574.6 \quad \therefore R = 575 \,\mathrm{N}$$

$R_x > 0$ より

$$\theta = \tan^{-1}\left(\frac{545.4}{180.9}\right) = 71.65° \quad \therefore \theta = 71.7°$$

$$x = \frac{M}{R_y} = \frac{187.5}{545.4} = 0.344 \,\mathrm{m}$$

$$l = \frac{|M|}{R} = \frac{187.5}{574.6} = 0.326 \,\mathrm{m}$$

ただし，$M > 0$ となるように，距離 l は x 軸の正の側にとる。　◆

図 1.19 は合力 R を作図により求めたものである。上述の計算結果と一致していることが確認できる。

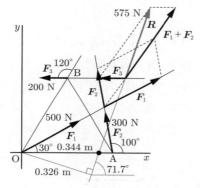

図 1.19 三つの力の合力（作図による解法）

1.4　偶　　　力

図 1.20 のように，車のハンドルの直径の両端に大きさが等しく向きが逆の力を加える場合を考えると，二つの力のベクトルの和は 0 であるが，ハンドルを回す作用があることから，力のモーメントは 0 ではない。したがって，この二つの力と同じ働きをする一つの力（合力）は求められない。一般に大きさが等しく向きが逆の二つの平行力を**偶力**（couple）といい，物体を回転させる作用だけをもち，移動させる働きはもっていない。一組の偶力による任意の点 O のまわりのモーメントは，図のように点 O から偶力の一方の力の作用線までの距離を a，偶力の作用線間の距離を l とすれば

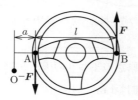

図 1.20　偶　　　力

28   1. 力とモーメント

$$M = F(a+l) - Fa = Fl \tag{1.25}$$

このように，一組の偶力のモーメントは，どの点に関しても Fl，または $-Fl$ となる。偶力のモーメントの符号は，回転が反時計回りのときは正，時計回りのときは負となる。

モーメントの大きさが M の一組の偶力は，その偶力を含む平面内において，同じモーメントをもつ別の一組の偶力に置き換えてもその効果は変わらず，さらに，任意の点のまわりのモーメント M に置き換えてもその効果は変わらない（**図 1.21**）。また複数組の偶力は，各偶力のモーメントの和に等しい一組の偶力，または任意の点のまわりのモーメントに置き換えることができる。

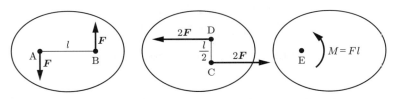

図 1.21　偶力とモーメントの置き換え（効果はどれも同じ）

図 1.22 のように剛体上の点 B に力 $\boldsymbol{F}$ を加えるとき，別の点 A にさらに力 $\boldsymbol{F}$ と $-\boldsymbol{F}$ を加えても効果は変わらない。ここで，点 B の力 $\boldsymbol{F}$ と点 A の力 $-\boldsymbol{F}$ は偶力となり，モーメント $M = Fl$ と置き換え可能であるから，点 B に働く力 $\boldsymbol{F}$ は，点 A に働く力 $\boldsymbol{F}$ と点 A のまわりのモーメント $M = Fl$ に置き換えられることがわかる。

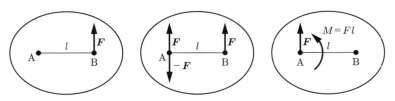

図 1.22　力とモーメントの置き換え（効果はどれも同じ）

例題 1.6　**図 1.23** の四つの力を，原点のまわりのモーメント M に置き換えよ。ただし，座標の 1 目盛の距離は 1m とする。

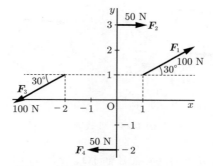

図 1.23 偶力とモーメントの置き換え

解答 1　F_1 と F_3 は一組の偶力であり，作用線間の距離は $3\sin 30° = 1.5\,\mathrm{m}$ であるから，偶力のモーメントは $100 \times 1.5 = 150\,\mathrm{N \cdot m}$（反時計回り）。$F_2$ と F_4 も一組の偶力であり，偶力のモーメントは $-50 \times 5 = -250\,\mathrm{N \cdot m}$（時計回り）。二組の偶力のモーメントの和は $M = 150 - 250 = -100\,\mathrm{N \cdot m}$。よって，原点（あるいは任意の点）のまわりの $-100\,\mathrm{N \cdot m}$ のモーメントに置き換えることができる。　◆

解答 2　原点のまわりのモーメントを計算する（**表 1.3**）。表より原点のまわりの $-100\,\mathrm{N \cdot m}$ のモーメントに置き換えることができる。　◆

表 1.3　偶力のモーメント

	x	y	F_x	F_y	$M = F_y x - F_x y$
F_1	1	1	$100\cos 30° = 50\sqrt{3}$	$100\sin 30° = 50$	$50 - 50\sqrt{3}$
F_2	0	3	50	0	-150
F_3	-2	1	$-100\cos 30° = -50\sqrt{3}$	$-100\sin 30° = -50$	$100 + 50\sqrt{3}$
F_4	0	-2	-50	0	-100
合　計			0	0	-100

1.5　図　式　解　法

力の合力を求める方法として，図式による解法がある。**図 1.24** (a) のように同一平面上にある四つの力 $F_1 \sim F_4$ の合力を求める場合，まず $F_1 \sim F_4$ で

1. 力とモーメント

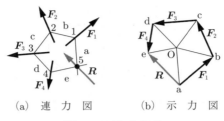

(a) 連力図　　(b) 示力図

図 1.24　図式解法

区切られた領域に a, b, c, d, e の記号を付け，a と b の境界の力 F_1 を $\overrightarrow{ab}$ で表す。$\overrightarrow{bc}, \overrightarrow{cd}, \overrightarrow{de}$ についても同様に定義する。このように記号を付ける方法を**バウの記号法**（Bow's notation）という。また，図 (b) のように，$\overrightarrow{ab}, \overrightarrow{bc}, \overrightarrow{cd}, \overrightarrow{de}$ を順に加えて力の多角形を作ると，$\overrightarrow{ae}$ が合力 R となる。この力の多角形を**示力図**（force diagram）という。合力の作用線の位置を求めるには，図 (b) のように，各力と同じ平面内に任意の点 O をとり，点 O と示力図の各頂点を結ぶ。次に，図 (a) において力 F_1 の作用線上に任意の点 1 をとり，点 1 から領域 b 内に線分 Ob に平行な直線を引き，力 F_2 の作用線との交点を点 2 とする。次に点 2 から領域 c 内に線分 Oc に平行な直線を引き，力 F_3 の作用線との交点を点 3 とする。これを繰り返し点 4 も求める。最後に点 1，点 4 からそれぞれ線分 Oa，線分 Oe に平行な二本の直線を引くと，その交点 5 が合力 R の作用線上の点になる。点 1 から点 5 を結ぶ多角形を**連力図**（funicular diagram）という。

この方法により合力の作用線の位置が求められる理由を以下に示す。示力図より $F_1 = \overrightarrow{aO} + \overrightarrow{Ob}$, $F_2 = \overrightarrow{bO} + \overrightarrow{Oc}$, $\cdots$ の関係があるので，合力 R は次の式で表される。

$$\begin{aligned}
R &= F_1 + F_2 + F_3 + F_4 \\
&= (\overrightarrow{aO} + \overrightarrow{Ob}) + (\overrightarrow{bO} + \overrightarrow{Oc}) + (\overrightarrow{cO} + \overrightarrow{Od}) + (\overrightarrow{dO} + \overrightarrow{Oe}) \\
&= \overrightarrow{aO} + (\overrightarrow{Ob} + \overrightarrow{bO}) + (\overrightarrow{Oc} + \overrightarrow{cO}) + (\overrightarrow{Od} + \overrightarrow{dO}) + \overrightarrow{Oe} = \overrightarrow{aO} + \overrightarrow{Oe}
\end{aligned}$$

(1.26)

式 (1.26) の各ベクトルを連力図上に表すと**図 1.25** のようになる。$\overrightarrow{Ob}$ と $\overrightarrow{bO}$, $\overrightarrow{Oc}$ と $\overrightarrow{cO}$ などは同一作用線上にあるので打ち消し合い，合力 R は，$\overrightarrow{aO}$ と $\overrightarrow{Oe}$ の二つの力の和となるから，R の作用線は $\overrightarrow{aO}$ と $\overrightarrow{Oe}$ の作用線の交点を通る。

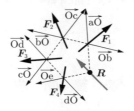

図 1.25 合力の作用線の位置

例題 1.7 **図 1.26** (a) に示す三つの平行力 F_1, F_2, F_3 の合力を図式解法により求めよ。ただし，$F_1 = 15\,\mathrm{N}$, $F_2 = 25\,\mathrm{N}$, $F_3 = 20\,\mathrm{N}$ とし，図の横方向の 1 目盛は 1 m とする。

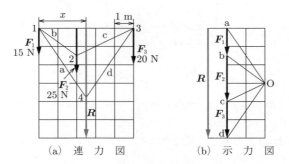

(a) 連 力 図   (b) 示 力 図

図 1.26 平行力の合力（図式解法）

解答 三つの力は平行で向きが同じであるから，示力図のように F_1, F_2, F_3 を順に加えると合力 R の大きさは各力の大きさの和になり，向きは各力と同じになる。

$$R = F_1 + F_2 + F_3 = 60\,\mathrm{N}$$

次に，示力図上に任意の点 O をとり，点 O と点 a, b, c, d を結ぶ。また，連力図において F_1 の作用線上に任意の点 1 をとり，点 1 から $\overrightarrow{Ob}$ に平行な直線 12，

続いて $\overrightarrow{Oc}$ に平行な直線 23 を引き，点 1 と点 3 からそれぞれ $\overrightarrow{Oa}, \overrightarrow{Od}$ に平行な二本の直線を引くと，その交点 4 が $\boldsymbol{R}$ の作用線上の点となる．以上の作図より，点 A から $\boldsymbol{R}$ の作用線までの距離 x は 2.5 m となる．このことは，点 1 のまわりの各力のモーメントの和 M を用いた計算結果と一致する．

$$M = 25 \times 2 + 20 \times 5 = 60x \quad \therefore x = \frac{150}{60} = 2.5\,\mathrm{m} \qquad \blacklozenge$$

演 習 問 題

【1】 30 N と 40 N の力が 120° の角をなして働くとき，その合力の大きさと向きを求めよ．

【2】 (1) 図 1.27 に示す大きさ F の四つの力の合力の大きさと向きを求めよ．
(2) 図 1.28 に示す四つの力の合力の大きさと向きを求めよ．

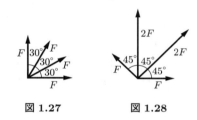

図 1.27   図 1.28

【3】 (1) 図 1.29 の力 $\boldsymbol{F}$ を，破線で示す二つの作用線の方向に分解するとき，各分力の大きさを求めよ．
(2) 図 1.30 の力 $\boldsymbol{F}$ を，破線で示す二つの作用線の方向に分解するとき，各分力の大きさを求めよ．

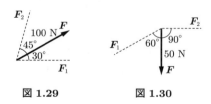

図 1.29   図 1.30

【4】 図 1.31 のように Y 字形の支柱に二つの力を加えるとき，点 O のまわりのモーメントを求めよ．

【5】 図 1.32 のように一辺の長さが a の正方形の各頂点に大きさ F の四つの力を

演 習 問 題　33

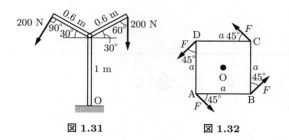

図 1.31　　　　　図 1.32

加えるとき，頂点 A のまわりのモーメントを求めよ．また，正方形の中心 O のまわりのモーメントを求めよ．

【 6 】 図 1.33 の平行な二つの力の合力の大きさと向き，作用線の位置を求めよ．

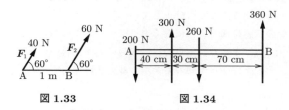

図 1.33　　　　　図 1.34

【 7 】 図 1.34 の平行な四つの力の合力の大きさと向き，作用線の位置を求めよ．

【 8 】 図 1.35 の四つの力の合力の大きさと向き，作用線の位置を求めよ．

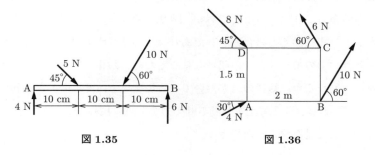

図 1.35　　　　　図 1.36

【 9 】 図 1.36 の四つの力の合力の大きさと向き，作用線の位置を求めよ．

2 力の釣合い

物体に複数の力が作用しており，かつその物体の運動状態が変化していない（静止しているか，等速直線運動をしているか，等速回転運動をしている）とき，物体に働く力は釣り合っている，または**釣合い**（equilibrium）の状態にあるという。また，静止している物体に働く力は釣り合うことから，釣合いの状態にある物体に働く力やモーメントについて論じる学問を**静力学**（statics）という。本章では，複数の力が釣合いの状態にあるための条件と，その条件から未知の力を求める方法について学ぶ。

2.1 一点に働く力の釣合い

複数の力が一点に集中して働いているとき，これらの力が釣り合うための条件は，力の合力が0になることであり，**図2.1**のように力の多角形が閉じることである。一点に働く力の合力が0であれば，バリニオンの定理より，任意の点のまわりの力のモーメントの和が0になるため，物体に回転を生じさせる作用はない。異なる点に複数の力が働いている場合でも，それらの作用線が一点で交わっていれば，作用線上を移動させて力を一点に集めることができるので，一点に働く力と見なすことができる。

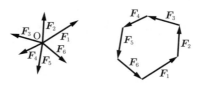

図 2.1　一点に働く複数の力の釣合い

2.1.1 一点に働く二つの力の釣合い

一点に働く二つの力 F_1, F_2 が釣り合っているとき，合力が 0 であるから，大きさが等しく向きが反対の一組の力になり，$F_2 = -F_1$ の関係にある。

2.1.2 一点に働く三つ以上の力の釣合い

一点に働く三つ以上の力の釣合いを考える場合には，以下のような考え方が有効である。

〔1〕 **成分の利用** 一点に働く複数の力が同一平面内にあるとき，その平面に xy 座標を設定すれば，力が釣り合うための条件は，各力の x 成分の和，y 成分の和がともに 0 になることである。各力の大きさを F_i $(i = 1, \cdots, n)$ とし，F_i が x 軸となす角を θ_i とすれば

$$x \text{ 成分}：F_1 \cos \theta_1 + F_2 \cos \theta_2 + \cdots + F_n \cos \theta_n = \sum_{i=1}^{n} F_i \cos \theta_i = 0 \tag{2.1}$$

$$y \text{ 成分}：F_1 \sin \theta_1 + F_2 \sin \theta_2 + \cdots + F_n \sin \theta_n = \sum_{i=1}^{n} F_i \sin \theta_i = 0 \tag{2.2}$$

釣合いの問題では，式 (2.1)，式 (2.2) をたてることにより，未知の力の大きさや向きを求めることができる。通常は x 軸を水平にとる場合が多いが，斜面の問題などでは x 軸を斜面に平行（物体の運動方向）にとる場合もある。

次の〔2〕，〔3〕の考え方は，三つの力の釣合いを考える場合に有効である。

〔2〕 **二つの力の合力とほかの一つの力の釣合い** 図 **2.2** のように二つの力の合力 R が，ほかの一つの力と釣り合う。すなわち，大きさが等しく，向き

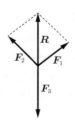

図 **2.2** 三つの力の釣合い

が逆になる。

〔3〕ラミの定理 三つの力が釣り合うための条件は，力の三角形が閉じることである。図 2.3 (a) のように三つの力 F_1, F_2, F_3 の始点を一点に集めたとき，F_1, F_2, F_3 の反対側の角をそれぞれ α, β, γ とすれば，力の三角形の内角はそれぞれ $180° - \alpha$, $180° - \beta$, $180° - \gamma$ となることから，正弦定理により次の関係が導かれる。

$$\frac{F_1}{\sin(180° - \alpha)} = \frac{F_2}{\sin(180° - \beta)} = \frac{F_3}{\sin(180° - \gamma)} \tag{2.3}$$

$$\therefore \frac{F_1}{\sin \alpha} = \frac{F_2}{\sin \beta} = \frac{F_3}{\sin \gamma} \tag{2.4}$$

式 (2.4) を**ラミの定理**（Lami's theorem）という。

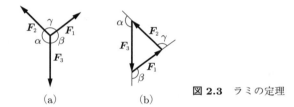

図 2.3　ラミの定理

例題 2.1 図 2.4 のように 20 kg の物体を吊ったひもの一点 A を水平に引っ張ったところ，ひもが鉛直に対して 30° の角度になって静止した。このとき，ひもの張力 T と水平に引く力 H の大きさを求めよ。

図 2.4　糸で吊られた物体の釣合い

解答 1　(成分の利用)　点 A には，T, H, と物体の重力 W の三つの力が働いて釣り合っている。図 2.5 (a) より，三つの力の水平成分，鉛直成分の釣合いの式はそれぞれ次のようになる。

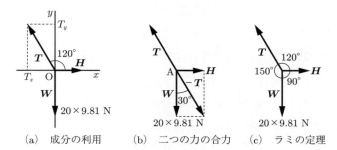

図 2.5　三つの力の釣合い

水平成分（x 成分）：$T\cos 120° + H = 0$

鉛直成分（y 成分）：$T\sin 120° - W = 0$

$$T = \frac{W}{\sin 120°} = \frac{20 \times 9.81}{\sin 120°} = 226.6 \quad \therefore T = 227\,\text{N}$$

$$H = -T\cos 120° = 226.6 \times 0.5 = 113.3 \quad \therefore H = 113\,\text{N} \quad \blacklozenge$$

解答 2　（二つの力の合力とほかの力との釣合い）　図 2.5（b）のように，水平力 H と重力 W の合力が糸の張力 T と釣り合う。

$$T\cos 30° = W = 20 \times 9.81, \quad T = \frac{20 \times 9.81}{\cos 30°} = 226.6 \quad \therefore T = 227\,\text{N}$$

$$H = T\sin 30° = 226.6 \times 0.5 = 113.3 \quad \therefore H = 113\,\text{N} \quad \blacklozenge$$

解答 3　（ラミの定理）　図 2.5（c）より，ラミの定理を適用すると

$$\frac{H}{\sin 150°} = \frac{T}{\sin 90°} = \frac{20 \times 9.81}{\sin 120°}$$

$$\therefore T = \frac{20 \times 9.81 \times \sin 90°}{\sin 120°} = 227\,\text{N}, \quad H = \frac{20 \times 9.81 \times \sin 150°}{\sin 120°} = 113\,\text{N} \quad \blacklozenge$$

2.2　剛体上の複数の点に働く力の釣合い

2.2.1　力の釣合いの条件

剛体上の複数の点に働く力が釣合いの状態にある（剛体が静止しているか，運

動の状態が変化していない）とき，次の条件を満たす．
(1) 剛体に働く力のベクトルの和が 0（力の釣合い）
(2) 剛体に働く任意の一点のまわりのモーメントの和が 0（モーメントの釣合い）

剛体に xy 平面内の n 個の力 $\boldsymbol{F}_i$ $(i=1,\cdots,n)$ が働いているとき，釣合いの条件を式で表すと次のようになる．

(1) 力の釣合い

$$\sum_{i=1}^{n} F_{ix} = \sum_{i=1}^{n} F_i \cos\theta_i = 0 \tag{2.5}$$

$$\sum_{i=1}^{n} F_{iy} = \sum_{i=1}^{n} F_i \sin\theta_i = 0 \tag{2.6}$$

(2) モーメントの釣合い（原点のまわりのモーメントを考える）

$$\sum_{i=1}^{n}(F_{iy}x_i - F_{ix}y_i) = \sum_{i=1}^{n}(F_i x_i \sin\theta_i - F_i y_i \cos\theta_i) = 0 \tag{2.7}$$

剛体上の複数の点に働く力の釣合いでは，(1) の条件だけでは偶力などによるモーメントが働く場合があり，釣り合っているとはいえない．(1) と (2) を同時に満たせば，あらゆる点のまわりのモーメントが 0 になることが以下のように示される．式 (2.5)～式 (2.7) を満たすとき，任意の点 (a,b) のまわりのモーメントは

$$\sum_{i=1}^{n}\{F_{iy}(x_i-a) - F_{ix}(y_i-b)\}$$
$$= \sum_{i=1}^{n}(F_{iy}x_i - F_{ix}y_i) - a\sum_{i=1}^{n}F_{iy} + b\sum_{i=1}^{n}F_{ix} = 0 \tag{2.8}$$

モーメントの釣合いの式をたてる際には，力が多数働いている点のまわりのモーメントを考えると，その点に働く力のモーメントは 0 になるため式が簡単になる．

2.2.2 剛体に働く力の洗い出し

剛体の釣合いや運動を考える際にまず重要なことは，対象となる物体に働く

力(大きさ,向き,作用点)をすべて洗い出し,力のベクトル(矢印)を図に書き込むことである。剛体に働く力は次のいずれかである。

① 接触していないものから働く力:重力,電磁力など。
② 接触しているものから働く力:接触している物体,床,壁,支点,糸,ばね,周囲の流体など。接触点が作用点となる。

本書では電磁力は扱わないので,接触していないものから働く力は重力のみを考えればよい。地球上の物体には必ず重力が働き,物体の質量を m,重力加速度の大きさを g とすれば重力の大きさは mg,向きは鉛直下向きであり,3章で述べるように作用点は物体の重心と考えてよい。

また,対象とする物体に接触しているほかの物体からは必ず力を受けており,接触点が作用点となる。したがってほかの物体との接触点をすべて洗い出す必要がある。力の大きさは,与えられているもの以外は釣合いの式や運動方程式から決定され,力の向きは接触の状態や摩擦の有無で決定される。

2.2.3　剛体に働く二つの力の釣合い

剛体に働く二つの力が釣り合っているとき,合力が 0 であることから,二つの力は大きさが等しく向きが逆であり,モーメントが 0 であることから,同一作用線上になければならない。

例えば,図 2.6 (a) のように床の上で静止している物体を考える。物体に接触しているものは床だけであるから,物体に働く力は重心 G に鉛直下向きに

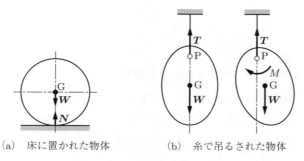

(a)　床に置かれた物体　　(b)　糸で吊るされた物体

図 2.6　二つの力の釣合いの例

働く重力 W，床との接触点から受ける力 N の二つだけであり，これらが釣り合っている．すなわち，N と W は，大きさが等しく向きが逆で，同一作用線上にある．

　図 (b) は糸で吊るされて静止している物体を示している．物体に接触しているものは糸だけであるから，物体に働く力は，重心に働く重力 W と，糸との接触点 P に働く糸の張力 T の二つであり，これらの力が釣り合う．すなわち，T と W は大きさが等しく向きが逆であり同一作用線上にある．このことから，物体を吊り下げると，物体を吊っている点 P の真下に重心 G がくることがわかる．もし重心 G が点 P の真下になければ，T と W が偶力となり，重心 G を点 P の真下に移動させるようなモーメントが働き，物体は回転する．

2.2.4　剛体に働く三つの力の釣合い

　剛体に働く互いに平行ではない三つの力が釣り合っているとき，三つの力の作用線は一点で交わる．その理由は，三つのうちの二つの力の合力の作用線は，二つの力の作用線の交点を通り，その合力と三つ目の力が釣り合うから，三つ目の力も合力と同じ作用線上になければならない．なお，剛体に働く平行ではない三つの力が釣り合うための条件は

(1)　（三つの力の釣合い）＋（任意の一点のまわりのモーメントの釣合い）

(2)　（三つの力の釣合い）＋（三つの力の作用線が一点で交わる）

のいずれかを用いればよい．

2.3　反　　　力

2.3.1　接触している物体から受ける反力

　二つの物体が接触しているとき，一方の物体 A が他方の物体 B を押すと，A は B から同じ大きさで逆向きの力で押し返される．A が B を引っ張っているときには，A は B から同じ大きさの力で引っ張られる．これを**作用・反作用の法則**（the law of action and reaction）といい，物体 A に着目した場合，A が B

を押す（引く）力を**作用**（action），B が A を押す（引く）力を**反作用**（reaction）という。また反作用によりほかの物体から受ける力を**反力**（reaction force）と呼ぶ。作用・反作用は，釣り合っている二つの力とは異なり，それぞれが別々の物体に働く。したがって，一つの物体 A に働く力の釣合いを考える場合には，B からの反力（反作用）のみを考慮すればよい。

　二つの物体の接触面に働く摩擦力を無視できるとき，力学ではその接触面は「なめらか」と表現する。なめらかな接触面から受ける反力は，**図 2.7**（a）のように二つの物体の接触点における共通の接平面に垂直になる。図 (b) のように一方の接触面が平面であれば，反力はその平面に垂直である。このような反力を**垂直反力**（normal reaction），または**垂直抗力**（normal force）と呼ぶ。垂直反力は接触面から物体に向かう向きに働き，この向きを正とすれば，垂直反力が 0 になると物体は接触面から離れ，負になることはない。

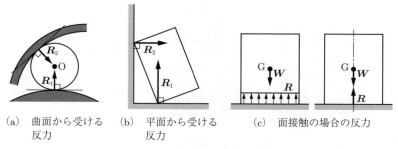

(a) 曲面から受ける反力　　(b) 平面から受ける反力　　(c) 面接触の場合の反力

図 2.7　接触しているなめらかな物体から受ける反力

　なめらかではない接触面から受ける反力は，共通の接平面に垂直な反力と，接平面に平行な摩擦力の合力となり，接平面に対して斜めの方向に働く。摩擦力については 7 章で取り扱う。

　垂直反力の大きさは，物体が接触面を押す力（作用）に応じて変化する。物体が釣合いの状態にあるとき，反力は釣合いの式から決定される。図 2.7 (c) のように，なめらかで水平な床の上に物体が置かれているとき，物体には重力 W と床からの垂直反力 R が働き，これらの力が釣り合う。物体と床面がある面積をもった面で接触しているときには，床からの反力は実際には接触面全体

に分布して働くが，分布力の合力を R とすれば，反力 R は W と大きさが等しく向きが逆の一つの力で，W と同一作用線上に集中して働くと考えることができる．分布力については 3 章で取り扱う．

接触点での摩擦が無視できる（なめらかな）球や円柱面，円筒面が，ほかの物体に接触する場合，垂直反力は接平面に垂直であるから球または円の中心を通る．したがって，なめらかな球や円柱の釣合いの問題では，中心の一点に働く力を考えればよく，モーメントの釣合いは考えなくてよい．

例題 2.2 図 2.8 に示すように，なめらかで垂直な壁に質量 10 kg の球が糸で吊られて静止している．糸と壁との間の角度が $35°$ のとき，糸の張力 T と壁からの反力 R を求めよ．

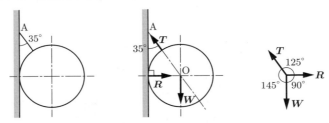

図 2.8 球に働く力の釣合い

解答 1 球に接触しているものは壁と糸であるから，球に働いている力は，重力 W，なめらかな壁からの垂直反力 R，糸の張力 T の三つであり，球が静止しているからこれらの力は釣り合っている．W, R の作用線は球の中心 O を通り，三つの力が釣り合うから T の作用線も中心 O を通る．したがって O に働く三つの力の釣合いを考えれば，モーメントの釣合いも満たされる．水平方向，鉛直方向の釣合いの式は次のようになる．

水平方向：$T \cos 125° + R = 0$

鉛直方向：$T \sin 125° - W = 0$

$T \sin 125° = W = 10 \times 9.81 \quad \therefore T = \dfrac{98.1}{\sin 125°} = 120 \text{ N}$

$R = -T \cos 125° = -\dfrac{98.1 \cos 125°}{\sin 125°} = -\dfrac{98.1}{\tan 125°} = 68.7 \text{ N}$ ◆

解答 2 一点に働く三つの力の釣合いの式として，ラミの定理を用いる。

$$\frac{R}{\sin 145°} = \frac{T}{\sin 90°} = \frac{W}{\sin 125°}$$

$$\therefore T = \frac{98.1}{\sin 125°} = 120\,\text{N}, \quad R = \frac{98.1 \times \sin 145°}{\sin 125°} = 68.7\,\text{N} \quad \blacklozenge$$

例題 2.3 図 2.9 のように太さが一様で，長さ $2l$，質量が $10\,\text{kg}$ の棒 AB をなめらかな垂直面と水平面の間にたてかけて置きたい。水平面と棒 AB のなす角を $\theta = 60°$ とするとき，点 B に加えるべき水平力 $\boldsymbol{F}$ の大きさを求めよ。

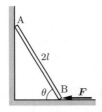

図 2.9 垂直な壁にたてかけた棒

解答 棒に働く力は，図 2.10 に示すように重心 G に働く重力 mg，点 A に働く壁からの垂直反力 $\boldsymbol{R_1}$，点 B に働く水平面からの垂直反力 $\boldsymbol{R_2}$ と水平力 $\boldsymbol{F}$ である。

水平方向の力の釣合い：$R_1 - F = 0$

鉛直方向の力の釣合い：$R_2 - mg = 0$

点 B のまわりのモーメントの釣合い：$mg \times l\cos\theta - R_1 \times 2l\sin\theta = 0$

以上の三つの連立方程式を解くことにより，未知の三つの力の大きさが求められる。

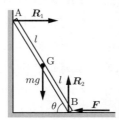

図 2.10 たてかけた棒に働く力

$$R_1 = \frac{mgl\cos\theta}{2l\sin\theta} = \frac{mg}{2\tan\theta} = \frac{10\times 9.81}{2\times\tan 60°} = 28.3\,\text{N}$$
$$R_2 = mg = 10\times 9.81 = 98.1\,\text{N}, \quad F = R_1 = 28.3\,\text{N} \qquad \blacklozenge$$

床がなめらかではない場合には，点BにFに等しい摩擦力が働くことによって棒をたてかけることができる。なめらかな床では外力Fを加えなければ棒をたてかけることはできない。

2.3.2 支点と支点反力

物体と一点で接触して物体を支え，その運動を拘束するものを**支点**（support）といい，支点に発生する拘束力を支点反力という。支点には**図 2.11**に示すような種類があり，それぞれ運動を拘束する方向に力やモーメントが発生する。

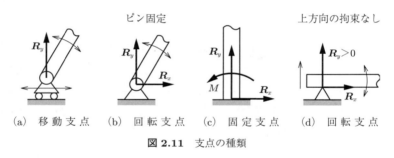

図 2.11 支点の種類

図(a)は，支点が設置された面に垂直な方向の移動を拘束し，面に平行な移動と，支点のまわりの回転は拘束しない支点であり，**移動支点**（movable support）と呼ばれる。移動支点の支点反力は面に垂直な成分（図ではR_y）のみをもつ。図(b)は面に平行，垂直の方向の移動を拘束し，回転のみが自由な支点であり，**回転支点**（hinged support）と呼ばれる。支点反力Rは面に平行な成分R_xと面に垂直な成分R_yをもち，面に対して斜めに働く。回転を拘束するモーメントは発生しない。図(c)は，物体の移動と回転をすべて拘束する支点で，**固定支点**（fixed support）という。支点反力Rは，面に対して平行な成分R_x，垂直な成分R_yをもち，さらに回転を拘束するモーメントMが発生する。

また，回転支点や移動支点では，支点に向かう荷重のみを支持し，支点から物

体が離れる方向には拘束しない場合がある（図 (d)）。この場合の支点反力は，垂直成分 R_y の値が正ならば物体は支点と接触しており，R_y が 0 になると物体は支点から浮き上がり，R_y が負になることはない。

物体が支点で支えられて釣合いの状態にあるとき，支点反力は力の釣合いの式と，モーメントの釣合いの式から決定される。

例題 2.4 図 2.12 のように質量の無視できるはり AB が点 C と点 B で，それぞれ回転支点と移動支点で支持されており，点 A に力 $\boldsymbol{F}$，点 D には 200 N の力が図の向きに作用している。

(1) $F = 100\,\mathrm{N}$ のとき，支点 B，C の反力 $\boldsymbol{R}_\mathrm{B}$，$\boldsymbol{R}_\mathrm{C}$ を求めよ。

(2) 点 B ではりが浮き上がらないための力 $\boldsymbol{F}$ の条件を求めよ。

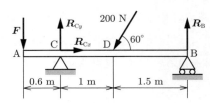

図 2.12 はりの支点反力 (1)

解答 (1) $\boldsymbol{R}_\mathrm{C}$ の水平方向，鉛直方向の成分をそれぞれ $R_{\mathrm{C}x}$，$R_{\mathrm{C}y}$，水平に対する角度を θ_C とする。はりの水平方向，鉛直方向の力の釣合いは

$$R_{\mathrm{C}x} - 200\cos 60° = 0 \cdots ①$$

$$R_{\mathrm{C}y} + R_\mathrm{B} - F - 200\sin 60° = 0 \cdots ②$$

支点 C のまわりのモーメントの釣合いは

$$F \times 0.6 - 200 \times 1 \times \sin 60° + R_\mathrm{B} \times 2.5 = 0 \cdots ③$$

以上の式を連立し，$F = 100\,\mathrm{N}$ を代入して解けば支点反力が得られる。

③より，$R_\mathrm{B} = \dfrac{200 \times 1 \times \sin 60° - 100 \times 0.6}{2.5} = 45.28 \quad \therefore R_\mathrm{B} = 45.3\,\mathrm{N}$

①より，$R_{\mathrm{C}x} = 200\cos 60° = 100.0$

②より，$R_{\mathrm{C}y} = 100 + 200\sin 60° - R_\mathrm{B} = 227.9$

$R_\mathrm{C} = \sqrt{100.0^2 + 227.9^2} = 248.8 \quad \therefore R_\mathrm{C} = 249\,\mathrm{N}$

$$\theta_\mathrm{C} = \tan^{-1}\frac{R_{\mathrm{C}y}}{R_{\mathrm{C}x}} = \tan^{-1}\frac{248.8}{100.0} = 68.11 \quad \therefore \theta_\mathrm{C} = 68.1°$$

(2) 点Bではりが支点から浮き上がらないためには，$R_\mathrm{B} > 0$ となる必要がある。

③より，$R_\mathrm{B} = \dfrac{200 \times 1 \times \sin 60° - F \times 0.6}{2.5} > 0$

$F < \dfrac{200 \times 1 \times \sin 60°}{0.6} = 288.6 \quad \therefore F < 288\,\mathrm{N}$ ◆

はりを複数の支点で支えるとき，はりに平行な力を支持する回転支点を二つ以上用いると，平行方向の支点反力の配分が定まらない。よって回転支点は一つとして，ほかの支点は移動支点を用いる。本問では支点Cは回転支点，支点Bは移動支点として，平行方向の力は支点Cで受けるようにしている。

例題 2.5 図 2.13 のように，一端Aを回転支点で支持された長さ 3 m の質量の無視できるはりの他端Bをロープで吊って水平に支えている。このはり上の点Cに質量 10 kg の物体を吊るすとき，支点Aの反力 $\boldsymbol{R}$ とロープの張力 $\boldsymbol{T}$ を求めよ。

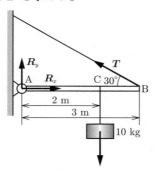

図 2.13 はりの支点反力 (2)

解答1 図 2.13 のように支点反力の水平成分，鉛直成分をそれぞれ R_x, R_y, $\boldsymbol{R}$ の水平に対する角度を θ とする。

水平方向の力の釣合い：$R_x - T\cos 30° = 0 \cdots$ ①

鉛直方向の力の釣合い：$R_y + T\sin 30° - 10 \times 9.81 = 0 \cdots$ ②

支点Aのまわりのモーメントの釣合い：$3T\sin 30° - 10 \times 9.81 \times 2 = 0 \cdots$ ③

③より，$T = \dfrac{10 \times 9.81 \times 2}{3 \sin 30°} = 130.8$ ∴ $T = 131\,\mathrm{N}$

②より，$R_x = 130.8 \cos 30° = 113.3$

③より，$R_y = 98.1 - 130.8 \sin 30° = 32.70$

$R = \sqrt{113.3^2 + 32.70^2} = 117.9$ ∴ $R = 118\,\mathrm{N}$

$\theta = \tan^{-1} \dfrac{32.70}{113.3} = 16.09$ ∴ $\theta = 16.1°$ ◆

解答 2 平行ではない三つの力 R, T, 重力 W の釣合いの問題であるから，「モーメントの釣合い」のかわりに「作用線が一点で交わる」ことを用いると，R の作用線は，W の作用線とひもの交点 O を通ることが導かれる（**図 2.14**）。

$$\overline{\mathrm{OC}} = 2 \tan \theta = 1 \tan 30° = \dfrac{\sqrt{3}}{3} \quad \therefore \theta = \tan^{-1} \dfrac{\sqrt{3}}{6} = 16.10°$$

ラミの定理より

$$\dfrac{R}{\sin(90° + 30°)} = \dfrac{T}{\sin(90° + 16.10°)} = \dfrac{10 \times 9.81}{\sin(180° - 30° - 16.10°)}$$

$R = \dfrac{10 \times 9.81 \times \sin 120°}{\sin 133.9°} = 117.9$ ∴ $R = 118\,\mathrm{N}$

$T = \dfrac{10 \times 9.81 \times \sin 106.1°}{\sin 133.9°} = 130.8$ ∴ $T = 131\,\mathrm{N}$ ◆

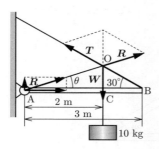

図 2.14 三つの力の作用線

2.4 トラス

鉄塔，クレーン，橋梁などの構造物は，多数の棒状の**部材**（member）を組み合わせて作られている。このような構造物を**骨組構造**（framework）といい，

部材どうしを結合する点を**節点** (joint) と呼ぶ．図 **2.15** (a) のように，三本の棒状の部材を組み合わせて三角形を形成すると，節点 A, B, C が回転を拘束しないピン結合であっても，三角形という幾何学的な拘束によって節点は回転できなくなる．このように各節点がピンで結合されている骨組構造を**トラス** (truss) という．一方，各節点が剛接合され，回転が拘束されている骨組構造を**ラーメン**（独：rahmen）と呼ぶ．本節では，トラスの各部材に働く外力と内力を求める問題を取り扱う．トラスの問題を扱う際には，通常次の仮定を用いる．

(1) 節点（ピン）と部材，部材と部材の間には摩擦力は働かない．
(2) 外力は節点に作用し，直接部材には働かない．
(3) 部材に働く重力は，外力に比べて小さいとして，これを無視する．
(4) 部材とピンは剛体とし，変形は考慮しない．

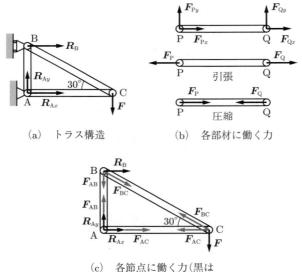

(a) トラス構造　　(b) 各部材に働く力

(c) 各節点に働く力（黒は外力，グレーは内力）

図 **2.15** トラス構造

2.4.1 節　点　法

簡単な例として，図 2.15 (a) のトラス構造において，節点 C に鉛直下向き

に力 F を加える場合を考える。まず，三角形のトラス構造全体を一つの剛体と考える。回転支点 A の反力を R_{Ax}, R_{Ay}，移動支点 B の反力を R_B とすると，トラスに働く外力の水平，鉛直方向の釣合いは

$$R_{Ax} + R_B = 0, \quad R_{Ay} - F = 0$$

点 A のまわりのモーメントの釣合いは

$$-R_B \cdot \overline{AB} - F \cdot \overline{AC} = 0$$

これより支点 A, B の反力が求められる。

$$\therefore R_B = -\frac{\overline{AC}}{\overline{AB}} F = -\sqrt{3} F, \quad R_{Ax} = -R_B = \sqrt{3} F, \quad R_{Ay} = F$$

次にトラスの各部材に働く内力について考える。図 (b) のようにトラスの部材 PQ の両端に働く力を $F_{Px}, F_{Py}, F_{Qx}, F_{Qy}$ とする。ここで x 軸は部材に平行にとるものとする。各節点は回転を拘束しないので節点のまわりのモーメントは働かず，重力も無視できるので，各部材には節点のみから力を受ける。

　　軸方向の力の釣合い：$F_{Px} + F_{Qx} = 0$

　　軸に垂直な方向の力の釣合い：$F_{Py} + F_{Qy} = 0$

　　P のまわりのモーメントの釣合い：$F_{Qy} \overline{PQ} = 0$

これより，$F_{Px} = -F_{Qx}$, $F_{Py} = F_{Qy} = 0$ が導かれる。F_{Px}, F_{Qx} は大きさが等しく向きが逆の軸方向の内力となるから「トラスの各部材には軸方向の引張力，または圧縮力のみが働く」ことがわかる。引張力を受ける部材を**引張材** (tension member)，圧縮力を受ける部材を**圧縮材** (compression member) という。

次にトラスの各節点に働く力を考える。図 (c) は，すべての部材を引張材と仮定して，各節点に働く力を図示したものであり，黒の矢印は外力，グレーの矢印は部材から受ける内力を表している。各部材に引張力が働くとき，節点は反作用により部材から引っ張られるので，内力の矢印は節点から部材に向かう

向きとなることに注意する。部材 AB, AC, BC の引張力の大きさをそれぞれ F_{AB}, F_{AC}, F_{BC} と置くと，各節点の力の釣合い式は次のようになる。

節点 A の x 方向の釣合い：$R_{Ax} + F_{AC} = 0$　∴ $F_{AC} = -R_{Ax} = -\sqrt{3}F$

節点 A の y 方向の釣合い：$R_{Ay} + F_{AB} = 0$　∴ $F_{AB} = -R_{Ay} = -F$

節点 B の x 方向の釣合い：$F_{BC}\cos 30° + R_B = 0$

$$\therefore F_{BC} = -\frac{R_B}{\cos 30°} = \sqrt{3}F \times \frac{2}{\sqrt{3}} = 2F$$

負の値は圧縮力を意味している。よって，部材 AB は F の圧縮力，部材 AC は $\sqrt{3}F$ の圧縮力，部材 BC は $2F$ の引張力を受けていることがわかる。これらの結果は，ほかの節点の釣合いの式も満足している。

節点 B の y 方向の釣合い：$-F_{BC}\sin 30° - F_{AB} = 0$

節点 C の x 方向の釣合い：$-F_{BC}\cos 30° - F_{AC} = 0$

節点 C の y 方向の釣合い：$F_{BC}\sin 30° - F = 0$

このように，トラスの各節点に働く力の釣合いの式から各部材の内力を求める方法を**節点法**（method of joint）と呼ぶ。

例題 2.6　図 2.16 (a) のトラスの支点反力と各部材に働く内力を求めよ。

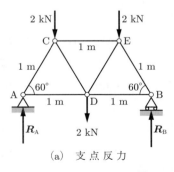
(a) 支点反力

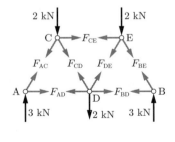
(b) 各節点に働く力

図 2.16　トラスの例

解答 まず，トラス全体を一つの剛体と考え，支点反力を求める．水平方向には力が働いていないので，支点 A の水平方向の反力は 0 となる．

鉛直方向の力の釣合い：$R_A + R_B - 2 \times 3 = 0$

点 A のまわりのモーメントの釣合い：$2R_B - 2 \times 0.5 - 2 \times 1 - 2 \times 1.5 = 0$

これより，$R_A = 3\,\text{kN}$，$R_B = 3\,\text{kN}$ が得られる．
別解として，構造と外力が左右対称であることを利用して，支点反力を求めることもできる．鉛直方向の力の釣合いより

$$R_A = R_B = \frac{2 \times 3}{2} = 3\,\text{kN}$$

次に，各部材に働く内力を引張力と仮定し，図 2.16（b）のように各節点に働くすべての力を矢印で描き，各節点の x 方向，y 方向の力の釣合いから各部材に働く力を求める．本問では構造の対称性から節点 A, C, D のみを考える．

節点 A

x 方向：$F_{AC} \cos 60° + F_{AD} = 0 \cdots$ ①

y 方向：$F_{AC} \sin 60° + 3 = 0 \cdots$ ②

節点 C

x 方向：$-F_{AC} \cos 60° + F_{CD} \cos 60° + F_{CE} = 0 \cdots$ ③

y 方向：$-F_{AC} \sin 60° - F_{CD} \sin 60° - 2 = 0 \cdots$ ④

節点 D

y 方向：$F_{CD} \sin 60° + F_{DE} \sin 60° - 2 = 0 \cdots$ ⑤

②より

$$F_{AC} = -\frac{3}{\sin 60°} = -\frac{6}{\sqrt{3}} = -2\sqrt{3}\,\text{kN}$$

①より

$$F_{AD} = -F_{AC} \cos 60° = 2\sqrt{3} \times \frac{1}{2} = \sqrt{3}\,\text{kN}$$

④より

$$F_{CD} = \frac{-F_{AC}\sin 60° - 2}{\sin 60°} = -F_{AC} - \frac{2}{\sin 60°}$$
$$= 2\sqrt{3} - \frac{4}{\sqrt{3}} = \frac{6\sqrt{3} - 4\sqrt{3}}{3} = \frac{2\sqrt{3}}{3}\,\text{kN}$$

③より
$$F_{CE} = F_{AC}\cos 60° - F_{CD}\cos 60°$$
$$= -2\sqrt{3} \times \frac{1}{2} - \frac{2\sqrt{3}}{3} \times \frac{1}{2} = -\frac{4\sqrt{3}}{3}\,\text{kN}$$

⑤と対称性から
$$2F_{CD}\sin 60° - 2 = 0 \quad \therefore F_{CD} = F_{DE} = \frac{1}{\sin 60°} = \frac{2}{\sqrt{3}} = \frac{2\sqrt{3}}{3}\,\text{kN}$$

以上をまとめると
$$R_A = R_B = 3.00\,\text{kN}$$
$$F_{AC} = F_{BE} = -2\sqrt{3} = -3.46\,\text{kN} \quad (圧縮力)$$
$$F_{AD} = F_{BD} = \sqrt{3} = 1.73\,\text{kN} \quad (引張力)$$
$$F_{CD} = F_{DE} = \frac{2\sqrt{3}}{3} = 1.15\,\text{kN} \quad (引張力)$$
$$F_{CE} = -\frac{4\sqrt{3}}{3} = -2.31\,\text{kN} \quad (圧縮力) \qquad ◆$$

2.4.2 切　断　法

トラスのある一つの部材に働く力を求めるときには，**切断法**（method of section）を用いるほうが簡便である．この方法は，求めようとする部材を横切る仮想面で切断し，切断面の片側のトラス全体を一つの剛体と考えて，その剛体の力の釣合いから切断した部材に働く力を求める方法である．釣合いの式はx方向，y方向の力とモーメントの釣合いの三つであるから，未知数の数，すなわち切断する部材の数が三つ以内である必要がある．

例題 2.7 図 2.16 のトラス構造において部材 CE に働く力を切断法により求めよ．

解答 支点反力を求めるところまでは例題 2.6 と同じである（$R_A = R_B = 3\,\text{kN}$）。次に**図 2.17** のように三つの部材を横切る仮想面で切断し、その片側を一つの剛体と考え、切断した部材に働く力を外力と考えて、力とモーメントの釣合いの式をたてる。

x 方向の力の釣合い：$F_{AD} + F_{CE} + F_{CD}\cos 60° = 0 \cdots ①$

y 方向の力の釣合い：$3 - 2 - F_{CD}\sin 60° = 0 \cdots ②$

点 C のまわりのモーメントの釣合い：$F_{AD} \times 1 \times \sin 60° - 3 \times 0.5 = 0 \cdots ③$

② より

$$F_{CD} = \frac{1}{\sin 60°} = \frac{2}{\sqrt{3}} = \frac{2\sqrt{3}}{3} = 1.15\,\text{kN}$$

③ より

$$F_{AD} = \frac{1.5}{\sin 60°} = \frac{3}{\sqrt{3}} = \sqrt{3} = 1.73\,\text{kN}$$

① より

$$F_{CE} = -F_{AD} - F_{CD}\cos 60° = -\sqrt{3} - \frac{2\sqrt{3}}{3} \times \frac{1}{2} = -\sqrt{3} - \frac{\sqrt{3}}{3}$$
$$= -\frac{4\sqrt{3}}{3} = -2.31\,\text{kN} \qquad \blacklozenge$$

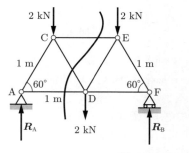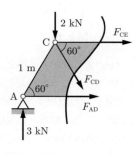

図 2.17 切 断 法

演 習 問 題

【1】 図 2.18 のように，傾角 30° のなめらかな斜面に置かれた質量 10 kg の物体を水平に対して下向き 30° の力 F で支えたい。F の大きさを求めよ。

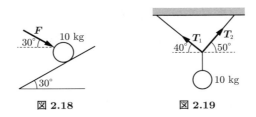

図 2.18　　　　　図 2.19

【2】 図 2.19 のように質量 10 kg の物体を二本のロープで吊り下げるとき，ロープの張力 T_1, T_2 を求めよ。

【3】 質量 10 kg と m 〔kg〕の物体をロープで吊ると，図 2.20 のような位置で静止した。ロープ AB, BC, CD の張力と質量 m を求めよ。

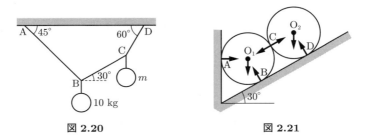

図 2.20　　　　　図 2.21

【4】 図 2.21 のように鉛直な壁と 30° の傾きをもつ斜面の間に，直径が等しく質量 50 kg の円柱を二本置いたとき，接触線 A, B, C, D に働く力を求めよ。ただし，接触線での摩擦は無視できるとする。

【5】 図 2.22 のように幅 90 cm の箱の中に半径 30 cm，質量 90 kg の丸棒と，半径 20 cm，質量 40 kg の丸棒を入れたとき，接触線 A, B, C, D に働く力を求めよ。接触線での摩擦は無視できるとする。

【6】 (1) 図 2.23 に示す質量 3 t のフォークリフトで質量 1 t の荷物を持ち上げるとき，前輪，後輪が地面から受ける反力の大きさを求めよ。図中の G_1, G_2 はそれぞれ荷物とフォークリフトの重心位置を示す。

(2) 後輪が浮き上がらないための荷物の積載量の条件を求めよ。

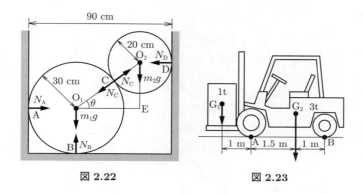

図 2.22　　　　　図 2.23

【7】 図 2.24 のように長さ l，質量 m の棒 AB が，水平な床と垂直な壁の間にたてかけられ，棒の端点 A と壁上の点 C の間が糸で結ばれている。床に対する棒と糸の角度をそれぞれ θ_1, θ_2 とするとき，糸の張力の大きさ T を求めよ。ただし床と壁の摩擦は無視できるとする。

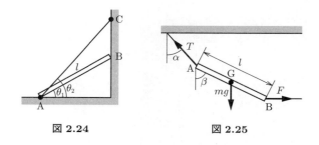

図 2.24　　　　　図 2.25

【8】 図 2.25 のように質量 m の一様な断面の棒の一端 A を天井から糸で吊るし，他端 B に水平力 F を加えたところ，釣合いの状態になった。鉛直線に対する糸と棒のなす角をそれぞれ α, β，糸の張力の大きさを T とするとき，α, β, T を水平力の大きさ F，棒の質量 m，重力加速度の大きさ g を用いて表せ。

【9】 質量 500 kg，半径 50 cm のローラが図 2.26 のように高さ 10 cm の段差に乗り上げるとき，ハンドル AB に加える水平力の大きさ F を求めよ。

【10】 図 2.27 のトラスの各支点の反力，および各部材に働く力を求めよ。

【11】 図 2.28 のトラスの各支点の反力，および各部材に働く力を求めよ。

【12】 図 2.29 のトラスの各支点の反力，および各部材に働く力を求めよ。

56　2. 力の釣合い

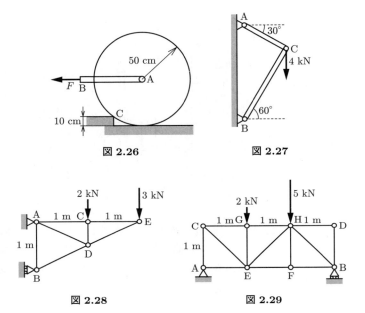

図 2.26

図 2.27

図 2.28

図 2.29

3 重　　　心

物体に働く重力は，実際には物体の各部分に分布して働いているが，分布した重力の合力を考えると，物体内の一点に集中して働くと考えることができる。この点を重心という。本章では，さまざまな形状の物体の重心の位置の求め方，重心の性質，物体の安定性，および重力以外の分布力の合力やモーメントの求め方について解説する。

3.1 重　　　心

物体を多数の微小部分の集まりと考えると，各部分には，それぞれの質量に比例した重力（$\bm{w}_1, \bm{w}_2, \bm{w}_3, \cdots$）が鉛直下向きに働く。これらの力の合力を物体に働く重力 $\bm{W}$ と考えると，$\bm{W}$ の作用線は，物体の向きをどのように変えても定点 G を通る。この点が**重心**（center of gravity）である。物体の質量を m，重力加速度の大きさを g とすれば，重力の大きさは $W = mg$ となる。力学の問題を考える際には，重力 $\bm{W}$ は重心 G に集中して働くと考えて差し支えない。

図 3.1 (a) のように水平方向に xy 平面，鉛直上向きに z 軸をとり，i 番目の微小部分の重心位置を (x_i, y_i, z_i)，微小部分に働く重力を $\bm{w}_i$，物体全体の重心位置を $\mathrm{G}(x_\mathrm{G}, y_\mathrm{G}, z_\mathrm{G})$ とする。$\bm{w}_i$ は同じ向きの平行力であるから，$\bm{w}_i$ の合力 $\bm{W}$ は

$$W = w_1 + w_2 + w_3 + \cdots = \sum_i w_i \tag{3.1}$$

また，y 軸から w_i の作用線までの距離は x_i であるから，w_i による y 軸のまわりのモーメントは $w_i x_i$ となる。w_i によるモーメントの和は合力 $\bm{W}$ による

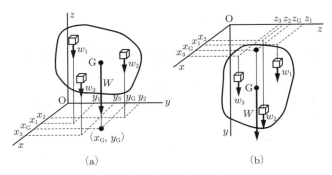

図 3.1 物体の重心と重力

モーメントに等しいから

$$Wx_G = w_1x_1 + w_2x_2 + w_3x_3 + \cdots = \sum_i w_i x_i \tag{3.2}$$

$$\therefore x_G = \frac{w_1x_1 + w_2x_2 + w_3x_3 + \cdots}{W} = \frac{\sum w_i x_i}{\sum w_i} \tag{3.3}$$

同様にして x 軸まわりのモーメントを考えると

$$y_G = \frac{w_1y_1 + w_2y_2 + w_3y_3 + \cdots}{W} = \frac{\sum w_i y_i}{\sum w_i} \tag{3.4}$$

z_G については,物体を座標軸とともに x 軸のまわりに $90°$ 回転させ,図 (b) のように y 軸を鉛直方向に向けて,x 軸まわりの重力のモーメントを考えることにより

$$z_G = \frac{w_1z_1 + w_2z_2 + w_3z_3 + \cdots}{W} = \frac{\sum w_i z_i}{\sum w_i} \tag{3.5}$$

が得られる。

図 3.1 では,物体を微小部分の集まりと考えたが,**図 3.2** のように,物体を重心位置のわかっている複数個の物体に分割する場合にも,i 番目の物体の重心位置を (x_i, y_i, z_i) とすれば,物体全体の重心 G の座標は,式 (3.3)〜式 (3.5) により求めることができる。

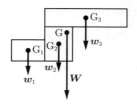

図 3.2 分割した物体の重心

一方，図 3.1 において，微小部分の大きさを 0 に近付けてその極限をとれば，重心の座標は積分を用いて表すことができる．微小部分の重心の位置を (x_g, y_g, z_g)，物体全体が占める領域を V とすると

$$x_G = \frac{\int_V x_g\,dw}{W} = \frac{\int_V x_g\,dw}{\int_V dw} \tag{3.6}$$

$$y_G = \frac{\int_V y_g\,dw}{W} = \frac{\int_V y_g\,dw}{\int_V dw} \tag{3.7}$$

$$z_G = \frac{\int_V z_g\,dw}{W} = \frac{\int_V z_g\,dw}{\int_V dw} \tag{3.8}$$

均質な物体では，各部分の重力 w_i は体積 V_i に比例し，比例係数は材料の密度 ρ となるから，$w_i = \rho V_i$ を式 (3.3)〜式 (3.5) に代入すれば，分母，分子から ρ が約分できて，次の式が得られる．

$$x_G = \frac{\sum \rho V_i x_i}{\sum \rho V_i} = \frac{\sum V_i x_i}{\sum V_i}, \quad y_G = \frac{\sum V_i y_i}{\sum V_i}, \quad z_G = \frac{\sum V_i z_i}{\sum V_i} \tag{3.9}$$

また，$dw = \rho dV$，$W = \rho V$ より，積分の形の式は，次のようになる．

$$x_G = \frac{\int_V x_g \rho\,dV}{\rho V} = \frac{\int_V x_g\,dV}{\int_V dV}, \quad y_G = \frac{\int_V y_g\,dV}{\int_V dV}, \quad z_G = \frac{\int_V z_g\,dV}{\int_V dV} \tag{3.10}$$

同様に均質で一様な厚さの板に働く重力は板の面積に比例するから，板の表面上に xy 平面をとり，板全体の面積を S，各微小部分の面積を S_i とすれば

$$x_\mathrm{G} = \frac{\sum S_i x_i}{\sum S_i}, \quad y_\mathrm{G} = \frac{\sum S_i y_i}{\sum S_i} \tag{3.11}$$

$$x_\mathrm{G} = \frac{\int_S x_g\, dS}{\int_S dS}, \quad y_\mathrm{G} = \frac{\int_S y_g\, dS}{\int_S dS} \tag{3.12}$$

均質で一様な細い棒が xy 平面上にある場合には，重力 W は棒の長さに比例するから，棒全体の長さを L，各微小部分の長さを L_i とすれば

$$x_\mathrm{G} = \frac{\sum L_i x_i}{\sum L_i}, \quad y_\mathrm{G} = \frac{\sum L_i y_i}{\sum L_i} \tag{3.13}$$

$$x_\mathrm{G} = \frac{\int_L x_g\, dL}{\int_L dL}, \quad y_\mathrm{G} = \frac{\int_L y_g\, dL}{\int_L dL} \tag{3.14}$$

また，物体がある軸に対して線対称または回転対称の場合は，重心は対称軸上にあり，ある面に対して対称の場合は，重心は対称面上にある．例えば，xy 平面上にある薄い板が y 軸に対して対称の場合は，重心は y 軸上にあり，$x_\mathrm{G} = 0$ となる．このように物体の対称性を利用すれば，重心の計算は容易になる．

例題 3.1　（L 字形の細い棒）　図 **3.3** に示す L 字形に曲がった細い一様な棒の重心位置を求めよ．

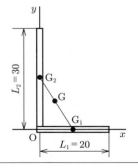

図 **3.3**　L 字形の棒の重心

解答 水平部分の重心 G_1 の座標は $(x_1, y_1) = (10, 0)$，棒の長さは $L_1 = 20$，垂直部分の重心 G_2 の座標は $(x_2, y_2) = (0, 15)$，棒の長さは $L_2 = 30$ だから

$$x_G = \frac{L_1 x_1 + L_2 x_2}{L_1 + L_2} = \frac{20 \times 10 + 30 \times 0}{20 + 30} = \frac{200}{50} = 4.0$$

$$y_G = \frac{L_1 y_1 + L_2 y_2}{L_1 + L_2} = \frac{20 \times 0 + 30 \times 15}{20 + 30} = \frac{450}{50} = 9.0$$

重心 G は，線分 $G_1 G_2$ を L_1 と L_2 の逆比（3 : 2）で内分する点になる。 ◆

例題 3.2 （穴のあいた板） 図 3.4 のように円形の穴のあいた一様な長方形板の重心位置を求めよ。

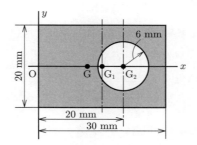

図 3.4 穴のあいた長方形の板

解答 穴のあいた板の重心位置を $G(x_G, y_G)$，面積を S とする。図 3.4 のように座標軸をとると，板は x 軸に対して対称なので，$y_G = 0$，穴のあいていない長方形の板の重心を G_1 とすると，G_1 の座標は $(x_1, y_1) = (15, 0)$，面積は $S_1 = 20 \times 30 = 600 \text{ mm}^2$ となる。円形の穴の重心 G_2 の位置は $(x_2, y_2) = (20, 0)$，面積は $S_2 = 36\pi \text{ mm}^2$。穴のあいた板に，穴と同じ大きさの円形の板を埋めて長方形の板にすることを考えると，長方形の板の重心の x 座標は

$$x_1 = \frac{S x_G + S_2 x_2}{S + S_2} = \frac{(S_1 - S_2) x_G + S_2 x_2}{S_1}$$

これより x_G を求めると

$$x_G = \frac{S_1 x_1 - S_2 x_2}{S_1 - S_2} = \frac{600 \times 15 - 36\pi \times 20}{600 - 36\pi} = 13.8$$

穴の部分を「負の面積 $(-S_2)$」と考えれば，式 (3.11) により穴のあいた板の重

心位置が計算できることがわかる。　　　　　　　　　　　　　　　◆

例題 3.3 （直円錐）　底面の半径 R，高さ H の一様な直円錐の重心位置を求めよ。

解答　図 **3.5** のように頂点を原点とし，中心軸に沿って x 軸をとると，円錐は x 軸に対して回転対称となるので，重心 G は x 軸上にある（$y_G = 0$）。頂点からの距離が x の位置で，x 軸に垂直な断面を底面とする厚さ dx の薄い円板を考えると，円板の重心位置は $x_g = x$，円板の半径 r と体積 dV は

$$r = \frac{R}{H}x, \quad dV = \pi r^2 dx = \frac{\pi R^2}{H^2}x^2 dx$$

また，x の範囲は $0 \leqq x \leqq H$ である。これを重心の式 (3.10) に代入すると

$$x_G = \frac{\int_V x_g \, dV}{\int_V dV} = \frac{\int_0^H \left(\frac{\pi R^2}{H^2}\right) x^3 dx}{\int_0^H \left(\frac{\pi R^2}{H^2}\right) x^2 dx} = \frac{\int_0^H x^3 dx}{\int_0^H x^2 dx} = \frac{\left[\frac{x^4}{4}\right]_0^H}{\left[\frac{x^3}{3}\right]_0^H} = \frac{3}{4}H$$

よって，重心は，中心軸上で頂点からの距離が $3/4H$，すなわち底面からの高さが $1/4H$ の点である。　　　　　　　　　　　　　　　　　　　　　　　◆

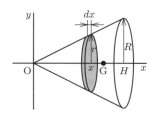

図 **3.5**　直円錐の重心

例題 3.4 （円弧と扇形）　(1)　半径 R，中心角 α の一様な円弧，および半円弧の重心位置を求めよ。

(2)　半径 R，中心角 α の一様な扇形，および半円の重心位置を求めよ。

解答　(1)　円弧の重心位置：図 **3.6** (a) のように座標軸をとると，x 軸に対して対称となるから $y_G = 0$。x 軸からの角度 θ の位置の中心角 $d\theta$ の微小な円弧を

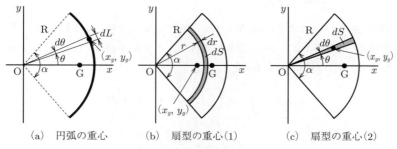

(a) 円弧の重心　　(b) 扇型の重心(1)　　(c) 扇型の重心(2)

図 3.6 円弧と扇型の重心

考えると，$x_g = R\cos\theta$, $dL = Rd\theta$, $-\alpha/2 \leq \theta \leq \alpha/2$ となるから

$$x_G = \frac{\int_L x_g\,dL}{\int_L dL} = \frac{\int_{-\alpha/2}^{\alpha/2} R\cos\theta R\,d\theta}{\int_{-\alpha/2}^{\alpha/2} R\,d\theta} = \frac{R^2\left[\sin\theta\right]_{-\alpha/2}^{\alpha/2}}{R\left[\theta\right]_{-\alpha/2}^{\alpha/2}}$$

$$= \frac{R\left(\sin\dfrac{\alpha}{2} + \sin\dfrac{\alpha}{2}\right)}{\dfrac{\alpha}{2} + \dfrac{\alpha}{2}} = \frac{2R}{\alpha}\sin\frac{\alpha}{2}$$

半円弧の重心は，$\alpha = \pi$ を代入すると

$$x_G = \frac{2R}{\pi}\sin\frac{\pi}{2} = \frac{2R}{\pi}$$

(2) 扇形の重心位置：図 3.6 (b) のように座標軸をとると，対称性から $y_G = 0$。また，扇形を半径 r，幅 dr，中心角 α の細い円弧の集まりと考える。円弧の重心位置の計算結果より

$$x_g = \frac{2r}{\alpha}\sin\frac{\alpha}{2}, \quad dS = r\alpha\,dr, \quad \text{積分範囲は } 0 \leq r \leq R$$

$$x_G = \frac{\int_S x_g\,dS}{\int_S dS} = \frac{\int_0^R \left(\dfrac{2r}{\alpha}\sin\dfrac{\alpha}{2}\right)r\alpha\,dr}{\int_0^R r\alpha\,dr} = \frac{2\sin\dfrac{\alpha}{2}\int_0^R r^2\,dr}{\alpha\int_0^R r\,dr}$$

$$= \frac{2\sin\dfrac{\alpha}{2}\left[\dfrac{r^3}{3}\right]_0^R}{\alpha\left[\dfrac{r^2}{2}\right]_0^R} = \frac{\dfrac{2}{3}R^3\sin\dfrac{\alpha}{2}}{\dfrac{1}{2}\alpha R^2} = \frac{4R}{3\alpha}\sin\frac{\alpha}{2}$$

半円の重心は，$\alpha = \pi$ を代入すると

$$x_G = \frac{4R}{3\pi}\sin\frac{\pi}{2} = \frac{4R}{3\pi}$$

(別解) 図 3.6 (c) のように,扇形を中心角 $d\theta$ の細い扇形の集まりと考える。細い扇形は $d\theta \to 0$ のとき二等辺三角形に近付き,その重心位置は $x_g = 2/3R\cos\theta$,面積は $dS = 1/2R^2 d\theta$ となる。

$$\therefore x_G = \frac{\int_S x_g\, dS}{\int_S dS} = \frac{\int_{-\alpha/2}^{\alpha/2}\left(\frac{2}{3}R\cos\theta \times \frac{1}{2}R^2\right)d\theta}{\int_{-\alpha/2}^{\alpha/2}\left(\frac{1}{2}R^2\right)d\theta} = \frac{\frac{1}{3}R^3\left[\sin\theta\right]_{-\alpha/2}^{\alpha/2}}{\frac{1}{2}R^2\left[\theta\right]_{-\alpha/2}^{\alpha/2}}$$

$$= \frac{2R}{3\alpha} \times 2\sin\frac{\alpha}{2} = \frac{4R}{3\alpha}\sin\frac{\alpha}{2} \qquad \blacklozenge$$

図 3.7 に種々の形状の重心位置をまとめて示す。

■線,細い棒

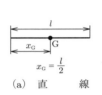

$x_G = \frac{l}{2}$

(a) 直 線

$y_G = \frac{2R}{\pi}$

(b) 半 円 弧

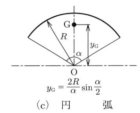

$y_G = \frac{2R}{\alpha}\sin\frac{\alpha}{2}$

(c) 円 弧

■平面,薄い板

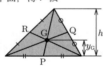

$y_G = \frac{h}{3}$,G は 3 中線の交点

(d) 三 角 形

$y_G = \frac{h}{2}$,G は対角線の交点

(e) 平行四辺形

$y_G = \frac{2a+b}{3(a+b)}h$

(f) 台 形

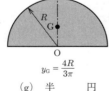

$y_G = \frac{4R}{3\pi}$

(g) 半 円

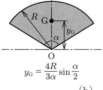

$y_G = \frac{4R}{3\alpha}\sin\frac{\alpha}{2}$

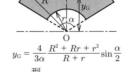

$y_G = \frac{4}{3\alpha}\cdot\frac{R^2+Rr+r^2}{R+r}\sin\frac{\alpha}{2}$

(h) 扇 型

図 3.7 種々の形状の重心位置

3.1 重　　心　　65

■曲面

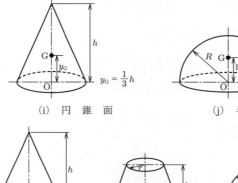

(i) 円 錐 面　　$y_G = \frac{1}{3}h$

(j) 半 球 面　　$y_G = \frac{1}{2}R$

■立体

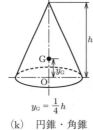

$y_G = \frac{1}{4}h$

(k) 円錐・角錐

$y_G = \frac{h}{4}\frac{R^2 + 2Rr + 3r^2}{R^2 + Rr + r^2}$

(l) 円 錐 台

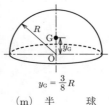

$y_G = \frac{3}{8}R$

(m) 半 球

図 **3.7** （つづき）

例題 3.5 図 **3.8** のように円錐を糸で吊るしたところ，軸が水平になった状態で静止した。糸で吊るした点の左側の物体 A と右側の物体 B の質量はどちらが大きいか。

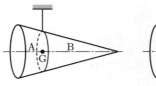 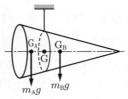

図 **3.8** 糸で吊るされた円錐

解答　円錐の重心 G は糸で吊るした点の真下にある。重心 G の底面からの高さは，円錐全体の高さの 1/4 となるから，円錐 B は全体の円錐と相似で寸法は 3/4 倍となる。円錐の質量を m, 物体 A, B の質量をそれぞれ m_A, m_B とすると

$$m_B = \left(\frac{3}{4}\right)^3 m = \frac{27}{64}m, \quad m_A = m - \frac{27}{64}m = \frac{37}{64}m \quad \therefore m_A > m_B \quad ◆$$

一般に物体を糸で吊るすと，吊るした点の左右の質量は等しくならず，モー

メントが釣り合う。物体 A, B の重心をそれぞれ G_A, G_B とすると

$$m_A g \cdot \overline{GG_A} = m_B g \cdot \overline{GG_B}$$

本問では B のほうが細長いので、$\overline{GG_A} < \overline{GG_B} \Leftrightarrow m_A > m_B$ と見当が付く。実際に重心位置を計算すると $\overline{GG_A} < \overline{GG_B}$ であることがわかる。

$$\overline{GG_A} = \frac{h}{4} - \frac{h}{16} \frac{R^2 + 2R\left(\frac{3}{4}R\right) + 3\left(\frac{3}{4}R\right)^2}{R^2 + R\left(\frac{3}{4}R\right) + \left(\frac{3}{4}R\right)^2}$$

$$= \frac{h}{4} - \frac{h}{16} \times \frac{16 + 24 + 27}{16 + 12 + 9} h = \frac{148 - 67}{592} h = \frac{81}{592} h$$

$$\overline{GG_B} = \frac{1}{4} \times \frac{3}{4} h = \frac{3}{16} h \quad \therefore \frac{\overline{GG_B}}{\overline{GG_A}} = \frac{m_A}{m_B} = \frac{3}{16} \times \frac{592}{81} = \frac{37}{27}$$

3.2 重心位置の測定法

前節で示したような簡単な形状の物体の重心は，計算により求めることができるが，複雑な形状の物体や多くの部品からなる機械では，重心の位置の計算は複雑になるため，実験によって求めることが有効である。

〔1〕 物体を吊るす方法　重心の簡便な求め方として，物体を吊るす方法がある。図 3.9 のように一様な板の重心を求める場合には，板上の点 A で吊るすと，重心は吊るした点の真下にくるため，直線 AA′ 上にある。次に板上のほかの点 B で吊るすと，重心は直線 BB′ 上にくるので，AA′ と BB′ の交点 G が板の重心となる。三次元の物体の重心を求める場合には，同様にして物体上の三点で吊るして，各鉛直線の交点を求めればよい。

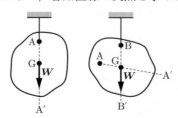

図 3.9　吊るした物体の重心

〔2〕 **物体の支点反力から計算する方法**　物体を複数の支点で支持したとき，支点反力の合力は重力と釣り合うから，その作用線上に重心がある．物体の姿勢を変えて同様に支点反力と重力の釣合いを考えれば，複数の作用線の交点から重心位置を求めることができる．

例題 3.6　図 3.10 のように幅 2 m，高さ 1 m の直方体の物体の両端を支持して鉛直方向の支点反力を測定したところ，支点 A が 200 N，支点 B が 300 N であった．次にこの物体を左に 20° 傾けて支点反力を測定したところ，支点 A が 240 N，支点 B が 260 N だった．この物体の重心の位置を求めよ．

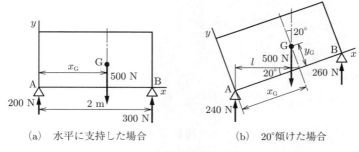

(a) 水平に支持した場合　　(b) 20°傾けた場合

図 3.10　支点反力と重心

解答　点 A を原点として図 3.10 のように座標軸をとり，重心の座標を (x_G, y_G) とする．物体に働く重力は $200 + 300 = 500$ N であり，図 (a) より点 A のまわりのモーメントの釣合い式は

$$300 \times 2 - 500 x_G = 0 \quad \therefore x_G = 1.20 \text{ m}$$

図 (b) において，点 A のまわりの重力によるモーメントの腕を l とすれば

$$l = x_G \cos 20° - y_G \sin 20°$$

点 A のまわりのモーメントの釣合い式は

$$260 \times 2 \cos 20° - 500(x_G \cos 20° - y_G \sin 20°) = 0$$

$$500 y_G \sin 20° = (500 x_G - 520) \cos 20°$$

$$y_G = \frac{(500x_G - 520)\cos 20°}{500 \sin 20°} = \frac{x_G - 1.04}{\tan 20°} = \frac{1.20 - 1.04}{\tan 20°} = 0.440 \text{ m}$$

◆

3.3 パップスの定理

図 3.11 (a) に示す長さ L の曲線が x 軸のまわりに回転してできる曲面の表面積を A とする。この曲線上の微小部分 dL を x 軸のまわりに回転してできる曲面の表面積は $2\pi y dL$ であるから

$$A = \int_L 2\pi y \, dL = 2\pi \int_L y \, dL \tag{3.15}$$

ここで，曲線の重心位置の y 座標は

$$y_{GL} = \frac{\int_L y \, dL}{L} \tag{3.16}$$

$$\therefore A = 2\pi y_{GL} L \tag{3.17}$$

回転体の側面を曲線 L に沿って切り開き，図 (b) のように曲線 L を断面とする柱状の面に引き伸ばしたとすれば，その高さは，曲線 L の重心 G_L を x 軸のまわりに回転させたときの円周の長さ $2\pi y_{GL}$ になることを意味している。

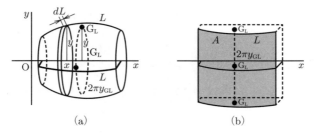

図 3.11 回転体の表面積

次に，面積 S の閉領域を x 軸のまわりに回転してできる回転体の体積 V を求める（**図 3.12** (a)）。閉領域内に x 軸に平行な薄い微小部分 dS をとると，

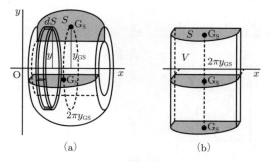

図 3.12 回転体の体積

これを x 軸のまわりに回転してできる薄いリングの体積は $2\pi y\,dS$ であるから，回転体の体積は

$$V = \int_S 2\pi y\,dS = 2\pi \int_S y\,dS \tag{3.18}$$

ここで，閉領域 S の重心の y 座標 y_{GS} は

$$y_{\text{GS}} = \frac{\int_S y\,dS}{S} \tag{3.19}$$

$$\therefore V = 2\pi y_{\text{GS}} S \tag{3.20}$$

式 (3.20) は，回転体を平面 S で切り，図 (b) のように S を断面とする体積 V の柱状の立体に引き伸ばしたとすると，柱の高さは S の重心 G_S を x 軸のまわりに回転させたときの円周の長さ $2\pi y_{\text{GS}}$ になることを意味している。

以上の考察により，次のことが成り立つ。

「長さ L の平面曲線がある軸のまわりを回転してできる回転体の表面積は，曲線の長さ L と，曲線の重心 G_L が軸のまわりに回転してできる円周の長さとの積に等しい」

「面積 S の閉領域がある軸のまわりを回転してできる回転体の体積は，閉領域の面積 S と閉領域の重心 G_S が軸のまわりに回転してできる円周の長さとの積に等しい」

これを**パップスの定理**（Pappus' theorem）という。

例題 3.7 図 3.13 のような円を x 軸のまわりに回転してできるドーナツ形の回転体（円環体，トーラス）の表面積と体積を求めよ。

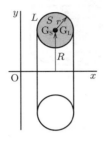

図 3.13 円環体の表面積と体積

［解答］

円周 L の重心位置：$y_{\mathrm{GL}} = R$

円 S の重心位置：$y_{\mathrm{GS}} = R$

回転体の表面積：$A = 2\pi y_{\mathrm{GL}} L = 2\pi R \times 2\pi r = 4\pi^2 Rr$

回転体の体積：$V = 2\pi y_{\mathrm{GS}} S = 2\pi R \times \pi r^2 = 2\pi^2 Rr^2$ ◆

本問では $y_{\mathrm{GL}} = y_{\mathrm{GS}}$ であるが，一般には y_{GL} と y_{GS} は等しくならないことに注意が必要である。

例題 3.8 パップスの定理を用いて，半径 R の半円弧の重心位置と，半径 R の半円の重心位置を求めよ。

［解答］ 図 3.14 において，半円弧の重心位置を $(0, y_{\mathrm{GL}})$，半円の重心位置を $(0, y_{\mathrm{GS}})$ とする。図の半円を x 軸のまわりに回転してできる回転体は球であるから

$$L = \pi R, \quad S = \frac{1}{2}\pi R^2$$

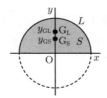

図 3.14 球の表面積と体積

球の表面積 $= 2\pi y_{\text{GL}} \times \pi R = 4\pi R^2 \quad \therefore y_{\text{GL}} = \dfrac{2R}{\pi}$

球の体積 $= 2\pi y_{\text{GS}} \times \dfrac{1}{2}\pi R^2 = \dfrac{4}{3}\pi R^3 \quad \therefore y_{\text{GS}} = \dfrac{4R}{3\pi}$ ◆

3.4 物体の安定性と重心

3.4.1 釣合いの安定性

図 3.15(a) のように水平面上に半球を置くと，半球の重心 G に重力 W，水平面との接点に垂直反力 N が働き釣り合う．次に，図 (b) のように半球を少し傾けると，重力 W と，水平面からの垂直反力 N が偶力となり，半球を釣合いの状態に戻すようにモーメントが働く．このように，釣合いの状態にある物体を少し傾けるともとの状態に戻ろうとするとき，これを**安定な釣合い** (stable equilibrium)，または**安定なすわり**という．これに対して，**図 3.16** (a) のように半球の上に同じ半径の円柱を固定し，重心 G が半球の原点 O より高くなると，釣合いの位置から少し傾けたときに，さらに転倒させようとするモーメントが働く．このような状態を**不安定な釣合い** (unstable equilibrium)，または**不安定なすわり**という．上から吊るされた振り子や，支点よりも下に重心があるやじろべえなどは，傾けたときに重心が上昇し復元モーメントが働くため，安定な釣合いとなる．一方，倒立した振り子や，支点よりも上に重心のあるやじろべえは，傾けたときに重心が下がり，転倒する方向のモーメントが働くため，不安定な釣合いとなる．また，水平な平面上に球を置くと，傾けても常に釣

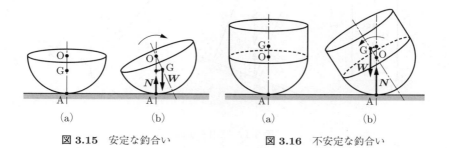

図 3.15 安定な釣合い　　　図 3.16 不安定な釣合い

合いの状態が続く。このような釣合いは**中立な釣合い**（neutral equilibrium）、または**中立なすわり**という。

例題 3.9 図 3.16 のように半径 R の半球の上に同じ半径の円柱を接合する。安定な釣合いになるための円柱の高さ h の条件を求めよ。

解答 図 3.16（a）において半球の中心 O からの重心の高さを y_G とする。半球の重心位置は $y = -3/8R$、円柱の重心位置は $y = 1/2h$ となる。

$$y_G = \frac{\frac{2}{3}\pi R^3 \times \left(-\frac{3}{8}R\right) + \pi R^2 h \times \frac{h}{2}}{\frac{2}{3}\pi R^3 + \pi R^2 h} = \frac{\frac{1}{4}\pi R^2(2h^2 - R^2)}{\frac{2}{3}\pi R^3 + \pi R^2 h}$$

$$= \frac{3}{4} \cdot \frac{2h^2 - R^2}{2R + 3h}$$

安定な釣合いになるときは $y_G < 0$

$$2h^2 - R^2 < 0, \quad h > 0 \text{ より } h < \frac{R}{\sqrt{2}} \qquad \blacklozenge$$

3.4.2 物体の転倒

図 **3.17**（a）のように、物体が水平な床の上に置かれているとき、床から受ける垂直反力の合力 $\boldsymbol{R}$ は重心を通る鉛直線上にあり、重力 $\boldsymbol{W}$ と釣り合う。こ

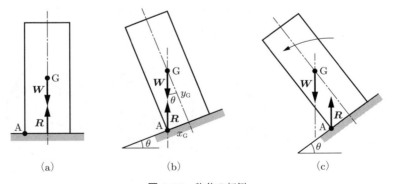

図 3.17 物体の転倒

の状態で床を傾けていくと，重力の作用線の位置が移動していく．床の摩擦が十分大きく物体はすべらないとすると，重力の作用線が底面の内側を通る場合は，その点での垂直反力と摩擦力の合力 $\boldsymbol{R}$ が重力 $\boldsymbol{W}$ と釣り合い，物体は転倒しない．しかし，重力の作用線が底面の外側に出ると，重力 $\boldsymbol{W}$ と床からの反力 $\boldsymbol{R}$ を釣り合わせることができなくなり，$\boldsymbol{W}$ と $\boldsymbol{R}$ による偶力のモーメントが発生して転倒する．また，物体が複数の支点で支持されているときは，重力の作用線が支点の作る支持多角形の外に出ると転倒する．

例題 3.10 直径 100 mm，高さが 500 mm の円柱を斜面に置くとき，斜面の角度が何°になると転倒するか．ただし斜面の摩擦は大きく円柱はすべらないものとする．

解答 図 3.17 (b) は円柱が転倒する直前の最大の傾き角 θ を示している．円柱の重心 G の位置は $x_\mathrm{G} = 50\,\mathrm{mm}$，$y_\mathrm{G} = 250\,\mathrm{mm}$ であるから

$$\tan\theta = \frac{x_\mathrm{G}}{y_\mathrm{G}} = \frac{50}{250} = 0.2 \quad \therefore \theta = 11.3°$$

斜面の角度が 11.3° を超えると転倒する．　◆

3.5　分　布　力

物体に働く力は，一点に働く集中力だけではなく，重力，水圧，積雪荷重などのように物体の表面や内部の点に分布して働く場合が多い．物体表面または内部のある面に対して垂直に働く分布力は，単位面積当りの力 $\boldsymbol{P}(x,y)$ として表され，**圧力** (pressure) と呼ばれる．単位はパスカル〔Pa〕または〔N/m²〕である．断面が一様な棒やはり，幅が一様な板などに働く分布力は，単位長さ当りの力 $\boldsymbol{w}(x)$ 〔N/m〕として表すことができる．

図 **3.18** に示すように，両端が支持された長さ l のはりに単位長さ当り $\boldsymbol{w}(x)$ の分布力が働く場合を考える．支点 A から x の距離にある長さ dx の微小部分に働く力は $w(x)\,dx$ であるから，分布力の合力の大きさ W と，点 A のまわり

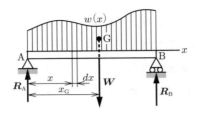

図 3.18 分 布 力

のモーメント M は

$$W = \int_0^l w(x)\,dx \tag{3.21}$$

$$M = \int_0^l w(x)\,x\,dx \tag{3.22}$$

となる.よって力とモーメントの釣合いの式は

$$R_A + R_B - \int_0^l w(x)\,dx = 0 \tag{3.23}$$

$$R_B l - \int_0^l w(x)x\,dx = 0 \tag{3.24}$$

これより,支点反力は次のように求められる.

$$R_B = \frac{1}{l}\int_0^l w(x)x\,dx, \quad R_A = \int_0^l w(x)\,dx - R_B \tag{3.25}$$

また,分布力の合力 W の作用線の位置を x_G とすれば

$$W x_G = M \text{ より},\ x_G = \frac{M}{W} = \frac{\displaystyle\int_0^l w(x)x\,dx}{\displaystyle\int_0^l w(x)\,dx} \tag{3.26}$$

これは荷重曲線 $w(x)$ と x 軸で囲まれる部分の重心の x 座標に相当する.

例題 3.11 図 3.19 のように,はりに台形状の分布荷重が働くとき,支点 A, B の反力を求めよ.また,支点 B を支点 A のほうに移動させるとき,はりが支点 A から浮き上がるときの支点 B の位置を求めよ.

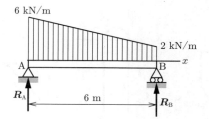

図 3.19 分布力の例

解答 点 A から $x\,[\mathrm{m}]$ の点に作用する分布力は,$w(x) = 6 - 2x/3\,[\mathrm{kN/m}]$ と表される。力の釣合いより

$$R_\mathrm{A} + R_\mathrm{B} = \int_0^6 \left(6 - \frac{2}{3}x\right) dx = \left[6x - \frac{1}{3}x^2\right]_0^6 = 36 - 12 = 24$$

点 A のまわりのモーメントの釣合いより

$$6R_\mathrm{B} = \int_0^6 \left(6 - \frac{2}{3}x\right) x\,dx = \int_0^6 \left(6x - \frac{2}{3}x^2\right) dx = \left[3x^2 - \frac{2}{9}x^3\right]_0^6$$
$$= 108 - 48 = 60$$

$$\therefore R_\mathrm{B} = 10\,\mathrm{kN}, \quad R_\mathrm{A} = 24 - 10 = 14\,\mathrm{kN}$$

支点 B の位置が $x = x_\mathrm{B}$ のとき,点 A のまわりのモーメントの釣合いより

$$R_\mathrm{B} x_\mathrm{B} = 60 \quad \therefore R_\mathrm{B} = \frac{60}{x_\mathrm{B}}$$

支点 A からはりが浮き上がるのは,$R_\mathrm{A} = 0$ となるときだから

$$R_\mathrm{A} = 24 - R_\mathrm{B} = 24 - \frac{60}{x_\mathrm{B}} = 0 \quad \therefore x_\mathrm{B} = \frac{60}{24} = 2.5\,\mathrm{m} \qquad \blacklozenge$$

演 習 問 題

【1】 図 3.20 (a),(b) のような細い一様な針金の重心の位置を求めよ。
【2】 図 3.21 のように半円弧と直線からなる一様な細い棒の重心位置を求めよ,またこの棒上の点 O を回転支点で支持して吊り下げたとき,直線部分 AB の鉛直線に対する傾き角 θ を求めよ。
【3】 図 3.22 (a),(b),(c) に示す一様な薄い板の重心の位置を求めよ。
【4】 図 3.23 (a),(b),(c) に示す一様な立体の重心の位置を求めよ。

76   3. 重 心

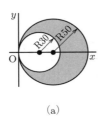

(a) (b)

図 3.20

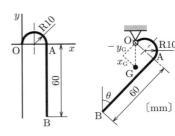

図 3.21

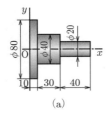
(a)

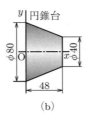
(b)

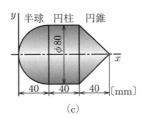
(c)

図 3.22

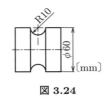
(a)

(b) 円錐台

(c) 半球　円柱　円錐

図 3.23

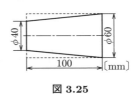

図 3.24　　　図 3.25

【5】 直径 60 mm の丸棒を削って**図 3.24** のような半径 10 mm の半円形の溝を付けた。
　　(1) 溝の表面積を求めよ。
　　(2) 削り取った溝の体積を求めよ。

【6】 直径 60 mm の丸棒を削って**図 3.25** のようにテーパを付けるとき，削り取ら

れた部分の体積と、出来上がった物体の側面積を求めよ。

【7】 図 3.26 のようにアングル鋼を斜面に置いたとき、アングル鋼が倒れないための最大の傾斜角を求めよ。ただし斜面の摩擦は十分に大きくすべることはないものとする。

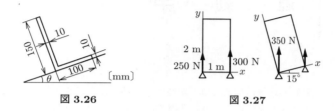

図 3.26   図 3.27

【8】 図 3.27 のように水平に置かれた高さ 2 m、幅 1 m の直方体の家具を両端で支持したところ、支持力は左端が 250 N、右端が 300 N だった。これを 15° 左に傾けたところ、左端の支持力が 350 N になった。この家具の重心の位置を求めよ。ただし支持力はすべて鉛直上向きとする。

【9】 図 3.28 のように半径 r の半球の上に同じ材料で作った半径 r、高さ h の直円錐を接合するとき、安定な釣合いとなるための h の条件を求めよ。

【10】 図 3.29 のように両端を支持された長さ 2 m のはりに $w(x) = 4 - x^2$ 〔kN/m〕の分布力が働くとき、支点 O、A に働く反力を求めよ。

【11】 図 3.30 のような容器に高さ 3 m まで水を入れるとき、一つの側面に働く水圧の合力の大きさとその作用点の水面からの深さを求めよ。ただし、水の密度を ρ 〔kg/m^3〕、重力加速度の大きさを g 〔m/s^2〕とするとき、水面からの深さ h 〔m〕の点にかかる水圧は、各面に垂直に $p(h) = \rho g h$ 〔Pa〕となる。また、20°C では $\rho = 998$ kg/m^3 である。

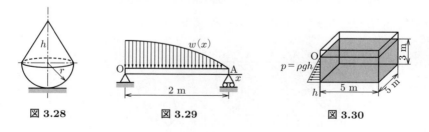

図 3.28   図 3.29   図 3.30

4 運 動 学

　物体の位置や速度，加速度などが時間の経過とともに変化していく状態を**運動**（motion）といい，その力学のことを**運動学**（kinematics）という。物体の運動には並進運動や回転運動がある。この並進運動には，重力による垂直運動や放物運動などがある。ここでは，これらの運動について例題を示しながら解説する。

4.1 並 進 運 動

　並進運動（translation motion）とは，物体が運動をした場合に，常に平行に移動して自転を伴わない運動のことである。この並進運動には，直線運動と曲線運動がある。図 4.1 (a) は直線運動，図 (b) は曲線運動である。図において，運動の軌跡を**経路**（path），経路に沿った線分の長さを**行程**（course length）という。

　このような並進運動をした場合の物体の速さや速度について求める前に，まず，直線運動の速さ，速度について考える。

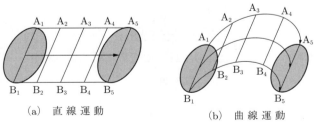

図 4.1　並 進 運 動

4.1.1 直線運動の速さ

〔1〕 **平均の速さ**　自動車が $100\,\mathrm{m}$ の距離を進むのに 10 秒の時間がかかったとすると，この 10 秒間の速さは平均して $100\,\mathrm{m}/10\,\mathrm{s} = 10\,\mathrm{m/s}$ となる。一般的には，距離 Δs（Δ はデルタと読み，微小であることを表している）を進むのにかかった時間を Δt とすると，平均の速さ v は

$$v = \frac{\text{距離}}{\text{時間}} = \frac{\Delta s}{\Delta t} \tag{4.1}$$

で表される。

〔2〕 **瞬間の速さ**　電車が駅を出発したときに，$100\,\mathrm{m}$ を 10 秒間かかって進んだとしても，走り始めは遅く，その後は速くなる。このことからもわかるように，速さを正確に表すには，時間をできるだけ短くとって，瞬間ごとの速さで表す必要がある。短い時間 Δt の間に進んだ距離を Δs とすると，その時刻の瞬間の速さ v は

$$v = \frac{\Delta s}{\Delta t} \quad (\Delta t \to 0) \tag{4.2}$$

ここでは，Δt を限りなく 0 に近い非常に小さい値をとるものとして，距離 s を時間 t で微分したもの（$v = ds/dt$）と表される。また，この速さからは，単位時間当りに進む距離もわかる。

4.1.2 直線運動の速度

速さだけでは，物体がどのような経路を右に進むのか左に進むのかがはっきりしない。そこで，直線上に座標軸をとると，物体の進む向きをきちんと正確に特定することができる。

物体が運動して位置が変わる場合に，その位置の変化のことを**変位**（displacement）という。ある時刻に P_1（座標 x_1）の地点にいた物体が，P_2（座標 x_2）の地点に進んだときの変位 Δx は

$$\Delta x = x_2 - x_1 \tag{4.3}$$

この Δx は，向きによって正のときもあれば負のときもある。

〔1〕 **平均の速度** 物体が運動している場合に，P_1 にいたときの時刻を t_1，P_2 にきたときの時刻を t_2 とすると，P_1 から P_2 に進む（移動する）のにかかった時間 Δt は

$$\Delta t = t_2 - t_1 \quad (\Delta t > 0) \tag{4.4}$$

P_1 から P_2 に進むときの平均の速度を v とすると

$$v = \frac{変位}{時間} = \frac{\Delta x}{\Delta t} = \frac{x_2 - x_1}{t_2 - t_1} \tag{4.5}$$

と表すことができる。

〔2〕 **瞬間の速度** P_1 での瞬間の速度は，瞬間の速さを求めたときと同様に Δt（微小な時間）を小さくとると

$$v = \frac{\Delta x}{\Delta t} \quad (\Delta t \to 0) \tag{4.6}$$

ここでは，Δt を限りなく 0 に近い非常に小さい値をとるものとして，変位 x を時間 t で微分したもの（$v = dx/dt$）と表される。また，この瞬間の速度の意味は，単に速度という用語と同様に用いられる。

4.1.3 速さ，速度の単位

速さも速度も，長さ（距離）の単位を時間の単位で除する（割る）ことで得られるので，速さや速度では，〔cm/s〕，〔km/h〕などが単位として用いられる。なお，SI 単位では長さは〔m〕，時間は〔s〕を用いるために〔m/s〕を単位として用いる。例えば，$36\,\text{km/h} = 36 \times 1\,000\,\text{m}/3\,600\,\text{s} = 10\,\text{m/s}$ である。

ここで速さは，進む向きを考えずに速度の大きさのみを表す量であるので，このような量を**スカラー**（scalar）量といい，質量，長さ，温度などの数値の大きさのみで表現することが可能な量のことである。また速度は，大きさや方向，向きによって表す量であるので，このような量を**ベクトル**（vector）量といい，変位，速度，加速度などの数値の大きさのみで表現することができない量のことである。

例題 4.1 時刻 $t_1 = 1.34\,\text{s}$ のときに $x_1 = 9.80\,\text{m}$ の点 P_1 にいた物体が，x 軸上を運動して，時刻 $t_2 = 1.49\,\text{s}$ のときに $x_2 = 9.62\,\text{m}$ の点 P_2 にきた。このとき

(1) P_1 から P_2 までの変位 Δx はいくらか。
(2) P_1 から P_2 までの平均の速度 v はいくらか。
(3) P_1 から P_2 までの平均の速さ v はいくらか。

解答 (1) $\Delta x = x_2 - x_1 = 9.62 - 9.80 = -0.18\,\text{m}$

(2) P_1 から P_2 までの時間は，$\Delta t = t_2 - t_1 = 1.49 - 1.34 = 0.15\,\text{s}$。よって平均の速度は $v = \Delta x / \Delta t = -0.18/0.15 = -1.2\,\text{m/s}$

(3) 平均の速さは $v = |\Delta x|/\Delta t = 1.2\,\text{m/s}$ ◆

例題 4.2 川が $3.0\,\text{m/s}$ の速さで流れている。この川を垂直に横切るためには，船の船首を岸に垂直な向きより $30°$ 川上に向けなければならなかった。この船の静水上の速さはいくらか。

解答 船の静水上の速度を $\boldsymbol{v}$ とすれば，$\boldsymbol{v}$ の川の流れ方向成分 $v\sin 30°$ が流れとは反対向きに川の速さ $3.0\,\text{m/s}$ と等しくなるので

$$v\sin 30° = 3.0 \quad \therefore v = 2 \times 3.0 = 6.0\,\text{m/s}$$ ◆

また，速度が一定であるような直線運動は等速直線運動で，**等速度運動**（uniform velocity motion）ともいう。距離 x と時間 t との関係を**図 4.2** に示す。

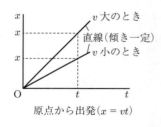
原点から出発 ($x = vt$)

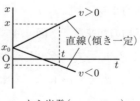
x_0 から出発 ($x = x_0 + vt$)

図 4.2 等速直線運動

等速直線運動の場合は，速度 v は一定であるので位置 x と時間 t との関係は，t 軸に対して傾きが一定の直線になる．この速度 v と時間 t との関係を**図 4.3** に示す．この場合には，速度 v は一定であるので，t 軸と平行な直線で表される．

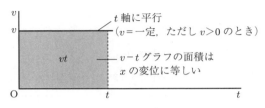

図 4.3 速度 v と時間 t との関係

例題 4.3 時刻 $t = 0\,\mathrm{s}$ のときに，$x_0 = 5.4\,\mathrm{m}$ の位置から $v = -1.5\,\mathrm{m/s}$ の等速度運動を始めた物体がある．時刻 $t = 5.0\,\mathrm{s}$ における物体の位置を求めよ．

解答 時間 $t\,[\mathrm{s}]$ の間に x_0 から vt だけ変位するから，求める位置は $x = x_0 + vt$ となる．この場合の v は負である．$x = x_0 + vt$ に $x_0 = 5.4\,\mathrm{m}$，$v = -1.5\,\mathrm{m/s}$，$t = 5.0\,\mathrm{s}$ を代入すると

$$x = 5.4 + (-1.5) \times 5.0 = -2.1\,\mathrm{m}$$
◆

4.1.4 直線運動の加速度

次に，直線運動の**加速度**（acceleration）について考える．これは物体がある速度で運動し，その速度が時間的に変化していくときの運動を表す物理量で，速度の時間的な変化率であり，向きをもつベクトル量である．

〔1〕 **平均の加速度** 図 4.4 に示すように，x 軸上を運動する物体が時刻 t_1 のときに P_1 にいて，そのときの速度を v_1 とする．その後，時刻 t_2 のときに P_2 にきて，速度が v_2 になったとする．この間の速度の変化量 Δv とかかった時間 Δt は

4.1 並進運動

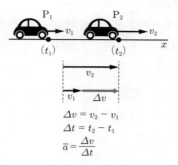

図 4.4 平均の加速度

$$\Delta v = v_2 - v_1, \quad \Delta t = t_2 - t_1 \tag{4.7}$$

Δt の間の速度の変化率の平均（平均の加速度）を a とすると

$$a = \frac{\Delta v}{\Delta t} = \frac{v_2 - v_1}{t_2 - t_1} \tag{4.8}$$

と表すことができる。

例題 4.4 直線運動している物体の速度が 5 秒間に $5.0\,\mathrm{m/s}$ から $9.0\,\mathrm{m/s}$ になった。このときの平均の加速度はいくらか。

解答 平均の加速度 a は

$$a = \frac{v_2 - v_1}{\Delta t} = \frac{9.0\,\mathrm{m/s} - 5.0\,\mathrm{m/s}}{5.0\,\mathrm{s}} = 0.80\,\mathrm{m/s^2} \qquad ◆$$

〔2〕**瞬間の加速度** 加速度は，通常は時間とともに変化する。P_1 での瞬間の加速度 a は，速度を求めたときと同様に，Δt を限りなく 0 に近い非常に小さい値をとるものとすると

$$a = \frac{\Delta v}{\Delta t} \quad (\Delta t \to 0) = \frac{dv}{dt} \tag{4.9}$$

この瞬間の加速度は，単に加速度という用語と同様に用いられる。

4.1.5 等加速度直線運動

直線上を運動している物体の加速度が一定の場合を**等加速度直線運動**(uniform acceleration linear motion)という。この場合，加速度が一定であるので，速度 v と時間 t との関係は**図 4.5** に示すように，一定の傾きをもつ直線として表すことができる。これより，時刻 $t=0$ に初速 v_0 で出発した物体が，時刻 t に速度が v になったとすると，加速度 a が一定であるので

$$a = \frac{v - v_0}{t - 0} \tag{4.10}$$

これより

$$v = v_0 + at \tag{4.11}$$

として時刻 t での速度が求まる。

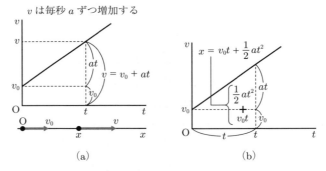

図 4.5 時刻 t における位置

また，図 4.5 の v–t のグラフの面積は原点からの変位に等しい。このことから，時刻 t における位置を x とすると

$$x = x_0 + v_0 t + \frac{at^2}{2} \tag{4.12}$$

と表すことができる。

式 (4.12) の右辺は，図 4.5 (b) の三角形と四角形の面積を表している。時刻 $t=0$ の位置を $x = x_0$ として，式 (4.11) と式 (4.12) から t を消去すると

$$v^2 - v_0{}^2 = 2ax \tag{4.13}$$

が得られ，これは，速度や加速度の大きさと変位との関係を示している。

例題 4.5 物体が直線上を右向きに速度 $6.0\,\mathrm{m/s}$ で運動している。その 4 秒後に左向きに速度 $2.0\,\mathrm{m/s}$ で運動していた。この運動は等加速度運動であるとすると，この運動の加速度はいくらか。また，物体の速度が 0 になるまでに運動した距離はいくらか。

解答 右向きを正にとると，加速度 a は

$$a = \frac{v - v_0}{t} = \frac{-2.0 - 6.0}{4.0} = -2.0\,\mathrm{m/s^2}$$

よって，加速度は左向きに $2.0\,\mathrm{m/s^2}$ となる。

また，物体の速度が 0 になるまでの時間を t とすると，$v = v_0 + at$ であるから

$$0 = 6.0 + (-2.0)t \quad \therefore t = 3.0\,\mathrm{s}$$

$t = 3.0\,\mathrm{s}$ までに運動した距離 x は，$x = 6.0 \times 3.0 + 1/2(-2.0) \times 3.0^2 = 9.0\,\mathrm{m}$

◆

4.1.6 曲線運動の変位，速度，加速度

曲線運動とは，同一面内を運動している物体の運動経路が曲線の場合をいう。例えば，水面を走るモーターボートの運動なども曲線運動である。

図 4.6 に示すように，物体が運動の経路に沿って点 P_1 から点 P_2 まで移動する場合の変位（位置の変化量）を $\Delta \boldsymbol{r}$ とすると，位置ベクトルは $\boldsymbol{r}_1$ から $\boldsymbol{r}_2$ に

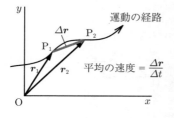

図 4.6 曲線上を物体が運動する場合の変位，速度

変わる。このとき $r_1 + \Delta r = r_2$ であるので，変位 Δr は

$$\Delta r = r_2 - r_1 \tag{4.14}$$

で表される。

また，点 P_1 から点 P_2 まで進むのに要した時間を Δt とすると，平均の速度は

$$\text{平均の速度} = \frac{\text{変位}}{\text{時間}} = \frac{\Delta r}{\Delta t}$$

瞬間の速度 Δv は，時間 Δt をより小さくとると

$$v = \frac{\Delta r}{\Delta t} \quad (\Delta t \to 0) = \frac{dr}{dt} \tag{4.15}$$

図 **4.7** に示すような曲線上を物体が移動する場合には，速度の変化量 Δv は，点 P_1 にいたときの瞬間の速度を v_1，点 P_2 にきたときの瞬間の速度を v_2 とすると $v_1 + \Delta v = v_2$ であるので

$$\Delta v = v_2 - v_1 \tag{4.16}$$

点 P_1 から点 P_2 まで進むのに要した時間を Δt とすると，平均の加速度は

$$\text{平均の加速度} = \frac{\text{速度}}{\text{時間}} = \frac{\Delta v}{\Delta t}$$

点 P_1 にいたときの瞬間の加速度 a は，時間 Δt をより小さくとると

$$a = \frac{\Delta v}{\Delta t} \quad (\Delta t \to 0) = \frac{dv}{dt} \tag{4.17}$$

で表すことができる。

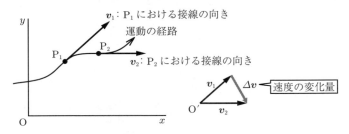

図 **4.7** 曲線上を物体が運動する場合の加速度

4.1.7 放物運動

放物運動(parabolic motion) とは,物体を水平方向や上方に投げた場合に,その物体が放物線を描きながら落下する運動のことで,例えば,球を水平方向に投げると,球は水平方向には等速運動をしているが,鉛直方向にはしだいに速度が大きくなる。この場合も,球は放物線を描きながら落下する放物運動である。

〔1〕 水平に投げた物体の運動 図 4.8 のように,物体(ここでは球)を水平に投げた場合の運動について考える。図より,球は水平方向には等速運動をしているが,鉛直方向には速度がしだいに大きくなっていることがわかる。空中に投げられた球には重力だけが働く。この重力の向きは鉛直下方で,水平方向成分は 0 であるから,球には水平方向の加速度は発生しない。したがって,球を投げ出したときの初速度を v_0 とすると,t 秒後の速度の水平方向成分 v_x は初速度 v_0 のままである。すなわち

$$v_x = v_0 \tag{4.18}$$

となる。これに対して,鉛直方向には重力加速度 g の等加速度運動をする。球を水平方向に投げているので鉛直方向成分は 0 であるから,t 秒後の速度の鉛直方向成分 v_y は

$$v_y = gt \tag{4.19}$$

となる。これから,t 秒後の速度の大きさは

$$v = \sqrt{v_x{}^2 + v_y{}^2} = \sqrt{v_0{}^2 + (gt)^2} \tag{4.20}$$

となる。

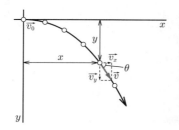

図 4.8 水平に物体を投げた場合の放物運動

また，速度ベクトルの向きは，v が水平方向となす角を θ とすると

$$\tan\theta = \frac{v_y}{v_x} = \frac{gt}{v_0} \tag{4.21}$$

となる。

物体の位置は，時間 t の関数である。すなわち，水平方向には等速運動をするので，t 秒後の物体の位置の x 座標は

$$x = v_0 t \tag{4.22}$$

鉛直方向には，初速度 0，加速度 g で等加速度運動をするので，t 秒後の物体の位置の y 座標は

$$y = \frac{1}{2}gt^2 \tag{4.23}$$

また，t 秒後の物体の位置 (x, y) から時間 t を消去すると

$$y = \frac{gx^2}{2v_0^2} \tag{4.24}$$

が得られる。この式 (4.24) が物体の軌道を表す式である。この式は二次関数であるので，軌道は常に放物線である。このような運動を放物運動という。

例題 4.6 崖の上から石を水平方向に速度 10 m/s で投げたら，2 秒後に崖下の地面に着いた。重力加速度 $g = 9.8\,\mathrm{m/s^2}$ として，次の問に答えよ。

(1) 石を投げた場所から下の地面までの高さはいくらか。

(2) 石を投げた場所の真下から，石の着地点までの水平距離はいくらか。

(3) 着地する直前の石の速度の大きさはいくらか。

解答 (1) 高さを y とすると

$$y = \frac{1}{2}gt^2 = \frac{1}{2} \times 9.8 \times 2.0^2 = 19.6\,\mathrm{m}$$

(2) 水平距離を x とすると

$$x = v_0 t = 10 \times 2.0 = 20\,\mathrm{m}$$

(3) 速度の水平方向成分を v_x，鉛直方向成分を v_y とすると

$$v_x = v_0 = 10\,\mathrm{m/s}, \quad v_y = gt = 9.8 \times 2.0 = 19.6\,\mathrm{m/s}$$

よって，速度 v の大きさは

$$V = \sqrt{v_x{}^2 + v_y{}^2} = \sqrt{10^2 + 19.6^2} \fallingdotseq 22\,\mathrm{m/s} \qquad \blacklozenge$$

〔2〕 **斜め上方に投げた物体の運動** ここでは，物体（球）を斜め上方に投げた場合の運動について考える。この運動も水平方向に投げた場合と同様に，球は水平方向には等速運動をしている。また，鉛直方向には速度がしだいに大きくなっている（加速度は生じている）ことがわかる。この場合も，運動を水平方向成分と鉛直方向成分とに分解して考える。

図 4.9 のように，物体を斜め上方に投げた点を原点とし，水平方向に x 軸（右向きが正）を，鉛直方向に y 軸（上向きが正）をとる。初速度 v_0 と x 軸とのなす角を θ とすると，初速度の x 方向成分 v_{0x}，y 方向成分 v_{0y} は

$$v_{0x} = v_0 \cos\theta \tag{4.25}$$

$$v_{0y} = v_0 \sin\theta \tag{4.26}$$

となる。

水平方向では等速運動をすることから，t 秒後の速度の水平方向成分 v_x は

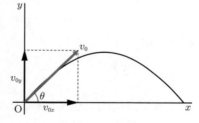

図 4.9 斜め上方に物体を投げ上げた場合の放物運動

$$v_x = v_{0x} = v_0 \cos\theta \tag{4.27}$$

鉛直方向では，初速度が v_{0y}，加速度が $(-g)$ の負の等加速度運動をすることから，t 秒後の速度の鉛直方向成分 v_y は

$$v_y = v_{0y} - gt = v_0 \sin\theta - gt \tag{4.28}$$

物体の位置は，時間 t の関数である。すなわち，水平方向には等速運動をするので，t 秒後の物体の位置の x 座標は

$$x = v_{0x} t = (v_0 \cos\theta) t = v_0 t \cos\theta \tag{4.29}$$

鉛直方向には，初速度が v_{0y}，加速度が $(-g)$ の負の等加速度運動をするこ

とから，t 秒後の物体の位置の y 座標は

$$y = v_{0y}t - \frac{1}{2}gt^2 = (v_0 \sin\theta)t - \frac{1}{2}gt^2 = v_0 t \sin\theta - \frac{1}{2}gt^2 \tag{4.30}$$

また，t 秒後の物体の位置 (x, y) から時間 t を消去すると

$$y = x\tan\theta - \frac{gx^2}{2v_0{}^2 \cos^2\theta} \tag{4.31}$$

が得られる。式 (4.31) が投げられた物体の軌道を表す式である。この式も二次関数であるので，軌道は常に放物線を描き，物体は放物運動をする。

この斜め上方に投げた物体の運動の軌道は放物線を描き，物体は軌道の最高点に到達した後に落下して，物体を斜め上方に投げ上げた地点と同じ高さの地点まで落ちる。この最高点の高さと水平到達距離は，次のように求められる。

〔3〕 **最高点の高さ** 　　最高点では，速度の鉛直方向成分は 0 になるので，式 (4.30) において $v_y = 0$ とすると，最高点に到達するまでの時間 t は，$v_y = v_0 \sin\theta - gt$ より

$$t = \frac{v_0 \sin\theta}{g}$$

この t を式 (4.30) に代入すると最高点の高さ $y_{\max}$ が求まる。

$$y_{\max} = \frac{(v_0 \sin\theta)^2}{2g} \tag{4.32}$$

〔4〕 **水平到達距離** 　　水平到達距離は，斜め上方に投げ上げた物体が投げた地点と同じ高さの地点まで落ちると，y 座標が 0 $(= x$ 軸上$)$ になるので，式 (4.28) において $y = 0$ とすると，物体が落下する時刻 t が求まる。

$$0 = v_0 t \sin\theta - \frac{1}{2}gt^2 = t\left(v_0 \sin\theta - \frac{1}{2}gt\right)$$

$t \neq 0$ であるので

$$t = \frac{2v_0 \sin\theta}{g} \tag{4.33}$$

この t を式 (4.29) に代入すると，物体を斜め上方に投げ上げた地点から水平面上（x 軸上）の落下点までの距離 x が求まる。

$$x = v_0 \frac{2v_0 \sin\theta}{g} \cos\theta = \frac{2v_0^2 \sin\theta \cos\theta}{g} \tag{4.34}$$

2倍角の公式より，$2\sin\theta \cos\theta = \sin 2\theta$ であるので

$$x = v_0 \frac{2v_0 \sin\theta}{g} \cos\theta = \frac{v_0^2 \sin 2\theta}{g} \tag{4.35}$$

となる．

この水平到達距離 x は，初速度 v_0 が一定であれば，投げ上げたときの仰角 θ の大きさによって決定する．$\sin 2\theta$ の最大値は 1 であり，そのときは $2\theta = 90°$ であるので，仰角を $\theta = 45°$ としたときに一番遠くまで飛ぶことになり，そのときの水平到達距離 x は v_0^2/g である．

例題 4.7 地上から仰角 $60°$ 上方に向けて，ボールを初速度 $20\,\mathrm{m/s}$ で投げた．重力加速度を $9.8\,\mathrm{m/s^2}$ として，次の問に答えよ．

(1) このときの最高点の高さと最高点に達するまでの時間はいくらか．

(2) ボールが地面に落下するまでの時間と水平到達距離はいくらか．

解答 初速度の水平方向成分 V_x と鉛直方向成分 V_y は

$$V_x = 20 \times \cos 60° = 10\,\mathrm{m/s}$$
$$V_y = 20 \times \sin 60° = 10\sqrt{3} = 17.3\,\mathrm{m/s}$$

(1) 最高点に達するまでの時間を $t\,\mathrm{[s]}$ とすると，y 方向の速度 v_y は，$v_y = V_y - gt$ より

$$0 = 17.3 - 9.8t \quad \therefore t = 1.76\,\mathrm{s}$$

最高点の高さは

$$y = V_y t - \frac{1}{2}gt^2 = 17.3 \times 1.8 - \frac{1}{2} \times 9.8 \times 1.8^2 = 15.3\,\mathrm{m}$$

(2) 地面に落下するまでの時間は

$$2t = 2 \times \frac{17.3}{9.8} = 3.52\,\mathrm{s}$$

水平到達距離は

$$x = V_x \times 2t = 10 \times 3.52 = 35.2\,\text{m}$$ ◆

例題 4.8 初速度 v, 水平となす角 θ で物体を投げ上げたら, 最高点の高さが $44.1\,\text{m}$, 水平到達距離が $24\,\text{m}$ であった。重力加速度を $9.8\,\text{m/s}^2$ として, 次の問に答えよ。
 (1) 最高点に達するまでの時間はいくらか。
 (2) 初速度 v の水平方向成分 v_x, 鉛直方向成分 v_y はいくらか。
 (3) θ はいくらか。

解答 (1) 最高点に達するまでの時間を t とすると, 最高点から地面に達するまでの時間に等しい。すなわち

$$44.1 = \frac{1}{2} \times 9.8 t^2 \quad \therefore t = 3.0\,\text{s}$$

 (2) 水平成分 v_x : $24 = v_x \times 3.0 \times 2$ より, $v_x = 4.0\,\text{m/s}$
  鉛直成分 v_y : $0 = v_y - 9.8 \times 3.0$ より, $v_y \fallingdotseq 29.4\,\text{m/s}$
 (3) 投げ上げ角が水平となす角 θ は

$$\tan\theta = \frac{9.8 \times 3}{4.0} \fallingdotseq 7.4 \quad \therefore \theta = 82.3°$$ ◆

4.2 相 対 運 動

相対運動 (relative motion) とは, 運動している物体から見たほかの物体の運動のことで, 例えば, 電車に乗っているときに, 隣の線路を並走している電車に追い越されると, あたかも自分の乗っている電車が後戻りしているように錯覚することがある。一般的には, 物体が運動している場合には, 常に運動の基準は大地である。ある物体が大地に対して変位しているときに, この物体は運動していると感じるのである。この錯覚は, 無意識のうちに, 隣の線路を並走している電車を運動の基準にしてしまうからである。このように, 運動の基準が変わると, 同じ運動でもまったく違う運動に感じる。大地に対して運動し

ている物体 A を基準として見たほかの物体 B の速度を，A に対する B の**相対速度**（relative velocity）といい，このような運動をしている物体から見たほかの物体の運動を相対運動という。

これに対して，静止している点を基準として見た運動を**絶対運動**（absolute motion）という。二つの物体 P，Q が運動しているときに，ある静止している点から見た物体 P の速度を v_P，物体 Q の速度を v_Q とすると，それぞれの速度を物体 P，物体 Q の**絶対速度**（absolute velocity）という。

次に，相対速度の求め方を示す。**図 4.10** のように，一直線上を自動車 A と自動車 B がそれぞれ速度 v_A, v_B で運動している場合を考える。自動車 B から見ると，大地は後ろへ速度（$-v_B$）で移動している。自動車 A は，大地の上を速度 v_A で走っているので，自動車 B から見た自動車 A の相対速度 v_{BA} は，自動車 A の大地に対する速度 v_A と，自動車 B から見た大地の速度（$-v_B$）とを合成した速度になる。すなわち

$$v_{BA} = v_A + (-v_B) = v_A - v_B \tag{4.36}$$

一般的には，運動しているときの速度はベクトルによって表されるので，式 (4.36) は

$$\bm{v}_{BA} = \bm{v}_A + (-\bm{v}_B) = \bm{v}_A - \bm{v}_B \tag{4.37}$$

のように表される。

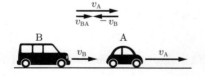

図 4.10 一直線上での相対速度

例題 4.9 100 km/h の速さで走っている電車の窓から外の雨を見ると，雨が鉛直方向と 60° の角度をなして降っているように見えた。このときの雨滴の落下速度を求めよ。ただし，風は吹いていないものとする。

解答 電車の速度は水平方向, 雨滴の速度は鉛直方向であるので, 相対速度はベクトルの差になる.

雨滴の落下速度を v_A, 電車の速度を v_B とすると, 電車から見た雨滴の相対速度 v_{BA} は, $v_{BA} = v_A - v_B$ である. また, v_{BA} は鉛直方向と $60°$ の角をなす. これより

$$v_A = \frac{v_B}{\tan 60°} = \frac{100}{\sqrt{3}}\,\mathrm{km/h} = \frac{100\sqrt{3}}{3} \times \frac{1\,000}{3\,600}\,\mathrm{m/s} = 16\,\mathrm{m/s} \quad \blacklozenge$$

4.3 回転運動

物体が任意の点 O において紙面に垂直な軸を中心に回る運動を**回転運動**（rotational motion）という. 図 4.11 に示すように, 回転運動は, 物体全体は一定回転角速度 ω で回転しているが, 異なる二点の接線方向の速度を v_A, v_B とすると, それらはそれぞれ $v_A = r_A \omega$, $v_B = r_B \omega$ となって等しくない. したがって, 回転運動では並進運動の場合のように運動を一点で代表させることはできない.

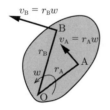

図 4.11 回転運動

回転運動の概念は, 並進運動と対比して考えると理解しやすい. 並進運動では, 変位, 速度, 加速度をそれぞれ x, v, a で表したが, 回転運動では, 角度に関する変位, 速度, 加速度で表し, **角変位**（angular displacement）θ〔rad〕, **角速度**（angular velocity）ω〔rad/s〕, **角加速度**（angular acceleration）α〔rad/s^2〕と表す. また, 回転運動している物体上の任意の点の円周方向の変位, 速度, 加速度は, それぞれ角変位, 角速度, 角加速度を用いて $x = r\theta$, $v = r\omega$, $a = r\alpha$ と表せる. 特に, 回転機械の場合には, その速さは 1 分間当りの回転速度 n〔rpm〕で表され, 回転速度と角速度との間には, 式 (4.36) が成り立つ.

$$\omega = \frac{2\pi n}{60} \tag{4.38}$$

【補足】 ラジアン：角度の単位であるラジアン〔rad〕は，弧度法の単位である。弧度法は，円弧の長さ x〔m〕と半径 r〔m〕との比 (x/r) で角 θ を示すもので，1 回転 $360°$ が 2π〔rad〕に相当する。

4.4　等速円運動と等角加速度円運動

物体が一平面上で，円周に沿って速さが一定の運動をしているとき，その運動を**等速円運動**（uniform circular motion）という。円運動をしている質点の**角加速度**（angular acceleration）の大きさ α が一定（$\alpha = \alpha_0$）の場合の角速度 ω と角変位 θ との関係について考える。

$$\frac{d\omega}{dt} = \frac{d^2\theta}{dt^2} = \alpha_0 \tag{4.39}$$

これを時間 t で 2 回順次積分を行うと

$$\omega = \alpha_0 t + c_1 \tag{4.40}$$

$$\theta = \frac{1}{2}\alpha_0 t^2 + c_1 t + c_2 \tag{4.41}$$

ここで，c_1，c_2 は，初期条件を与えることによって得られる積分定数であり，初期条件を $t = 0$ のときに $\theta = \theta_0$，$\omega = \omega_0$ とすれば，$c_1 = \omega_0$，$c_2 = \theta_0$ となる。これを式 (4.40)，式 (4.41) に代入すると

$$\omega = \alpha_0 t + \omega_0 \tag{4.42}$$

$$\theta = \frac{1}{2}\alpha_0 t^2 + \omega_0 t + \theta_0 \tag{4.43}$$

式 (4.42)，式 (4.43) から $\theta_0 = 0$ と置いて，t を消去すると

$$\omega^2 - \omega_0{}^2 = 2\alpha_0 \theta \tag{4.44}$$

これらの関係式は，直線運動の場合（式 (4.13)）と同様な形である。また，半径 r〔m〕の円周上を一定の速さ v〔m/s〕，角速度 ω〔rad/s〕で等速円運動す

る物体に生じる加速度の大きさは

$$a = \frac{v^2}{r} = r\omega^2 \tag{4.45}$$

で表される。この等速円運動する物体の加速度は，円の中心に向かう法線加速度である。

【補足】 接線加速度と法線加速度：質点が時間 Δt の間に位置 P から Q へ移動したとすると，P から Q までの経路に対する接線方向の加速度を接線加速度 a_t (tangential acceleration)，法線方向の加速度を法線加速度 a_n (normal acceleration) という。

接線加速度：$a_t = \dfrac{dv}{dt}$

法線加速度：$a_n = \dfrac{v^2}{r}$ （r：経路の曲率半径）

この場合の加速度の大きさ a は，$a = \sqrt{a_t^2 + a_n^2}$ から求められる。

例題 4.10 微小物体が，水平面上において半径 $0.80\,\mathrm{m}$ の円周上を $2.0\,\mathrm{m/s}$ の速さで回転しているとき

(1) 加速度の大きさはいくらか。

(2) 周期はいくらか。

(3) 角速度はいくらか。

解答 (1) 加速度 $a = \dfrac{v^2}{r} = \dfrac{2.0^2}{0.80} = 5.0\,\mathrm{m/s^2}$

(2) 周期 $T = \dfrac{2\pi r}{v} = \dfrac{2 \times 3.14 \times 0.80}{2.0} = 2.5\,\mathrm{s}$

(3) 角速度 $\omega = \dfrac{v}{r} = \dfrac{2.0}{0.80} = 2.5\,\mathrm{rad/s}$ ◆

演 習 問 題

【1】 高さが $36\,\mathrm{m}$ の塔の上から小石を静かに離した。重力加速度を $9.8\,\mathrm{m/s^2}$ として，次の問に答えよ。

(1) 小石を離してから，小石が塔の下の地面に到達するまでの時間はいくらか。

(2) 小石が地面に到達する直前の速さは何 m/s か。

演 習 問 題　97

【2】 吊り橋の上から，小石を初速度 5.0 m/s で鉛直下向きに投げ下ろしたところ，小石は 1.3 秒後に水面に到達した。重力加速度を $9.8\,\mathrm{m/s^2}$ として，次の問に答えよ。
　(1) 水面に到達する直前の小石の速さはいくらか。
　(2) 小石を投げた場所から水面までの距離はいくらか。

【3】 高さが 44.1 m の塔の上から小石を水平方向に速さ 5.0 m/s で投げたところ，地面上の点 A に落下した。重力加速度を $9.8\,\mathrm{m/s^2}$ として，次の問に答えよ。
　(1) 小石が点 P から点 A に到達するまでの時間はいくらか。
　(2) 点 P の真下の点 O と点 A との間の距離はいくらか。
　(3) 点 A に到達する直前の小石の速度はいくらか。
　(4) (3) の速度が水平方向となす角 θ はおよそ何°か。

【4】 地面から水平と 30°の角をなす方向に速度 19.6 m/s で物体を投げた。重力加速度を $9.8\,\mathrm{m/s^2}$ として，次の問に答えよ。
　(1) 最高点における物体の速度の大きさはいくらか。また向きはどうか。
　(2) 物体を投げてから上昇して最高点に到達するまでの時間はいくらか。
　(3) 最高点の高さはいくらか。
　(4) 物体を投げてから地面に到達するまでの時間はいくらか。
　(5) このときの水平到達距離はいくらか。

【5】 北東の方向へ 50 km/h の速さで航行している船 A からは，別の船 B が南東の方向へ 60 km/h の速さで進んでいるように見えるという。このときの船 B の速度はいくらか。また，船 B の方向はどうか。

【6】 水平な地面上の点 A から，斜めに物体を投げたとき，6秒後に点 A と同一水平面上の点 B に落ちた。そのとき AB 間の距離は 120 m であった。
　(1) 物体の通る最も高い所は地上何 m か。
　(2) 投げ上げたときの速さ（初速度の大きさ）はいくらか。

【7】 地上から 60°上方に向けて，20 m/s の初速度でボールを投げた。
　(1) ボールが達する最高点の高さと最高点に達するまでの時間はいくらか。
　(2) ボールが地面に落下するまでの時間と水平到達距離はいくらか。

【8】 80 km/h の速さで走行している電車の窓から，鉛直に 25 m/s の速さで降る雨を眺めている。この雨の電車に対する相対速度は何 m/s か。また，その角度は鉛直に対して何°か。

【9】 運動している人物 A が運動している物体 B を見ている。以下の場合について，人物 A から見た物体 B の速度はどうなるか。
　(1) 人物 A，物体 B ともに東向きに 12 m/s の速さで運動しているとき。

(2) 物体Bは東向きに12 m/s，人物Aは西向きに3 m/sの速さで運動しているとき．

(3) 物体Bは東向きに10 m/s，人物Aは東向きに6 m/sの速さで運動しているとき．

(4) 物体Bは東向きに10 m/s，人物Aは南向きに3 m/sの速さで運動しているとき．

【10】 車輪の直径が1 800 mmの機関車の車軸が250 rpmで回転しているとき，その角速度と車輪の周速度はいくらか．

5 質点の動力学

アイザック・ニュートン (1643–1727) は，1687 年に著した『自然哲学の数学的原理』の中で，運動に関する 3 法則を示している．それは，第 1 法則：慣性の法則，第 2 法則：運動方程式，第 3 法則：作用・反作用の法則である．

ここでは，**ニュートンの運動の法則**（Newton's law of motion）を中心に，動力学について解説する．動力学とは，物体に力が作用したときに，その力によって変化する物体の運動状態と力との関係を明らかにする力学のことである．

5.1 ニュートンの運動の法則

5.1.1 第 1 法則：慣性の法則

物体が運動している場合に，その運動状態を維持しようとする性質がある．この性質を**慣性**（inertia）という．例えば，自転車で平地を走行しているときに，ペダルを漕ぐことを止めても，自転車はしばらくの間そのままの状態で走り続ける．また，机上にある物体は，外からの力（外力）が作用しない限り，その場所から動き出すことはない．

これらのことから**慣性の法則**（law of inertia：Newton's first law of motion）は，次のようにいえる．

図 5.1 に示すように，速度 v_0 (> 0) の場合には，その速度を保持して運動を継続する．また，速度 $v_0 = 0$ の場合には，静止状態を維持することになる．

第 1 法則：物体に外部から力が作用しない限り，最初に静止している物体は

図 5.1 慣性の法則

いつまでも静止状態にあり,運動している物体はいつまでもその速度を保持して等速度運動を続ける。

この慣性の法則は,外部から力が作用しない場合に成立する。しかし,地球上では,物体に必ず重力が働いているために,この条件を満たすことはできない。ただし,物体に作用する力が釣り合っている場合には,力が働いていないことになるので,慣性の法則が成立することになる。

5.1.2 第2法則:運動方程式

質量 (mass) m の物体に力 F が作用したときの加速度 a は,力 F に比例し,質量 m に反比例する。この関係をニュートンの運動の法則の第2法則 (Newton's second law of motion) といい,次のように書ける。

(物体に働く力) = (質量) × (加速度)

これを数式で表すと

$$F = m\,a \tag{5.1}$$

ここで,F〔N〕は力,m〔kg〕は質量,a〔m/s^2〕は加速度である。一般に,加速度をベクトルで表すと,力もベクトルであるから

$$\boldsymbol{F} = m\,\boldsymbol{a} \tag{5.2}$$

この式は,加速度の向きと力の向きが同じ向きであることを示している。この式を**運動方程式** (equation of motion) と呼ぶ。

第2法則:物体に外部から力が作用したときに物体に生じる加速度は,加えた力の大きさに比例し,質量に反比例する。そのときの加速度の方向,向きは,力の方向,向きと同じである。

5.1.3 第3法則：作用・反作用の法則

一般に，物体 A が物体 B に対して作用（例えば力で押すなど）を及ぼすと，物体 B は物体 A に反作用を及ぼす。この作用と反作用は，同一の作用線上にあり，大きさは等しく，それらの向きは反対である。これを**作用・反作用の法則**（action-reaction law：Newton's third law of motion）という。

第3法則：すべての力の作用に対して，常にそれと大きさの等しい逆向きの作用（反作用）が生じる。作用と反作用の作用線は同一で，働く力の大きさは常に等しく，向きは逆向きである。

例題 5.1 なめらかな水平面上に質量 2.0 kg の物体が置いてある。このとき，次の各問に答えよ。ただし，重力加速度の大きさを 9.8 〔m/s^2〕とする。

(1) 水平右向きに 8.0 N の力を加えたときに生じる加速度の大きさはいくらか。

(2) ある大きさの力を加えたら，物体は水平右向きに 3.0 m/s^2 の加速度で運動を始めた。加えた力の大きさはいくらか。

(3) 水平右向きに 1 kgw の力を加えた。このときに生じる加速度の大きさはいくらか。

解答 なめらかということから摩擦は考えなくてよい。
(1) $F = ma$ より，$a = F/m = 8.0/2.0 = 4.0 \,\mathrm{m/s^2}$（加速度は右向き）
(2) $F = ma = 2.0 \times 3.0 = 6.0 \,\mathrm{kgm/s^2} = 6.0 \,\mathrm{N}$（右向き）
(3) 1 kgw ≒ 9.8 N であるので，$a = F/m = 9.8/2.0 = 4.9 \,\mathrm{m/s^2}$（右向き）
◆

例題 5.2 摩擦のない水平面に静止している質量 $m = 10$ kg の物体がある。

(1) $F = 100$ N の力を水平方向に作用させた。この物体の加速度 a〔m/s^2〕はいくらか。

(2) ある大きさの力 F〔N〕を水平方向に加えたところ，物体は力を加えた方向に等加速度運動をして，$t = 5\,\mathrm{s}$ で $x = 25\,\mathrm{m}$ 移動した．物体に作用させた力 F はいくらか．

解答 (1) 物体の加速度 a は，運動方程式より

$$a = \frac{F}{m} = \frac{100}{10} = 10\,\mathrm{m/s^2}$$

(2) 等加速度運動の場合の加速度は

$$a = \frac{2x}{t^2} = \frac{2 \times 25}{5^2} = 2.0\,\mathrm{m/s^2} \qquad F = ma = 10 \times 2 = 20\,\mathrm{N} \qquad \blacklozenge$$

例題 5.3 質量が $1\,300\,\mathrm{kg}$ の自動車を，5 秒間に $80\,\mathrm{km/h}$ から $50\,\mathrm{km/h}$ まで減速する場合に必要な制動力（タイヤと路面との間に働く摩擦力）はいくらか．

解答 自動車の平均加速度 a は

$$a = \frac{v_2 - v_1}{t} = \frac{(50 - 80) \times (1\,000/3\,600)}{5} = -1.7\,\mathrm{m/s^2}$$

これを運動方程式に代入して

$$F = ma = 1\,250 \times (-1.7) = -2.1\,\mathrm{kN} \qquad \blacklozenge$$

5.2 慣 性 力

ニュートンの運動の法則の第 2 法則である運動方程式 ($F = ma$) は，質量 m の物体に大きさ a の加速度を与えるためには，ma に等しい大きさの力 F を作用させなければいけないことを意味している．**図 5.2** に示すように，外力 F を受けて加速している物体は，作用している力の合力が 0 にならず，釣合いの状態にはない．しかし，運動方程式を

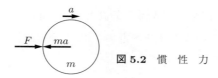

図 5.2 慣性力

$$F + (-ma) = 0 \tag{5.3}$$

と書き換えれば，「**物体に外力 F と，加速度と反対向きの仮想的な力 $(-ma)$ が作用すると考えれば，釣合いの式が成り立つ**」と解釈することができる。この場合の $(-ma)$ は，物体の慣性による力であることから**慣性力** (inertia force) と呼ばれている。また，慣性力を考えることによって運動の問題を釣合いの問題に帰着させることができることを，**ダランベールの原理** (d'Alembert's principle) という。なお，慣性力は，仮想的な力であって実際には作用していない。固定した座標系から加速している物体を見れば，物体は力を受けて加速しているように見えるが，物体とともに動いている座標系から見れば，その物体には慣性力が作用して釣合いの状態になり，静止しているように見える。これを，電車の中の物体の運動を例に考える。

(1) 電車の外から見た物体の運動：電車が右向きの加速度 a で動き出したとすると，電車内の人物 A の足もとに置かれたボールは，慣性によってその場にとどまり続けようとするために，電車の外から見ている人物 B からは，ボールはその場にとどまり，電車だけが右に動いていくように見える。

(2) 電車の中で見た物体の運動：電車が右向きの加速度 a で動き出したとすると，電車内の人物 A から見た足もとのボールは，自分の足もとから電車の動く向きとは反対方向に，つまり加速度が $(-a)$ ですべって移動していくように見える。この場合，人物 A が見たボールの運動は，そのボールに見かけの力が作用していると考えることができる。この力が慣性力で，その大きさは $(-ma)$ であり，この力に反作用はない。

例題 5.4 体重が $75\,\mathrm{kg}$ の人物が,鉛直上向きの加速度 $a = 1.2\,\mathrm{m/s^2}$ で上昇するエレベータの中で体重を測定すると,体重計の指示値 $m'\,[\mathrm{kg}]$ はいくらになるか。

解答 この人物の運動方程式は,体重計からの抗力を N とすると

$$ma = N - mg$$

これより,重力 $(-mg)$ と下向きの慣性力 $(-ma)$ と抗力 N が作用して釣り合っていることがわかる。すなわち,$N - mg - ma = 0$ より

$$N = m(a + g) = 75.0 \times (1.2 + 9.8) = 825\,\mathrm{N}$$

体重計は,抗力 N と大きさの等しい力を測定して指示している。したがって,体重計の指示値は

$$m' = \frac{N}{g} = \frac{825}{9.8} = 84.2\,\mathrm{kg} \qquad \blacklozenge$$

例題 5.5 バケツに水を入れて,水平方向に $3\,\mathrm{m/s^2}$ の加速度で運動させたとき,水面の傾きはいくらか。

解答 水は,加速度とは反対向きの慣性力と重力を受けて釣合いの状態になる。そのため,水面は重力と慣性力の合力に対して垂直になる。その角度を θ とすると

$$\tan\theta = \frac{ma}{mg} = \frac{a}{g} = \frac{3}{9.8} = 0.306\,1 \quad \therefore\ \theta = 17.1° \qquad \blacklozenge$$

例題 5.6 電車内におもりが吊るしてある。この電車が $2\,\mathrm{m/s^2}$ の加速度で一直線上を動き出すと,この糸は鉛直方向からおよそ何 ° 傾くか。

解答 重力 (mg) と慣性力 $(-ma)$ と糸の張力 T が釣合いの状態にある。電車の加速度を a,糸の傾きを鉛直から θ とすると,$ma = mg\tan\theta$ より

$$\tan\theta = \frac{a}{g} = \frac{2}{9.8} = 0.204 \quad \therefore\ \theta = 11.5°$$

よって加速度と反対向きに $11.5°$ 傾く。 $\qquad \blacklozenge$

5.3 求心力と遠心力

図 5.3 に示すように,質量 m の物体が半径 r の円周上を速度 v で等速円運動している場合,その物体は回転の中心 O に向かって法線加速度 $a_n = v^2/r$ を受ける。したがって,この物体には回転の中心に向かって

$$F = \frac{mv^2}{r} = mr\omega^2 \tag{5.4}$$

の力が作用する。この力を**求心力**(centripetal force)といい,回転の中心に向かう力なので向心力という場合もある。物体が円運動を続けるためには,求心力が必要である。

図 5.3 求心力(と遠心力)

物体にひもを付けて回転させると,回転している物体には,ひもから式 (5.4) に示す求心力が作用して円運動する。円運動している物体には,求心力を受けて法線加速度 a_n が発生しているが,求心力 ($mv^2/r = mr\omega^2$) と大きさの等しい慣性力(仮想的な力)が外側に向かって作用すると考えれば,釣合いの式が成り立つ。この慣性力を**遠心力**(centrifugal force)という。この場合の物体の運動方程式は,(求心力) $= ma_n$ であり,物体に遠心力が作用すると仮定した場合の釣合いの式は,(求心力) − (遠心力) $= 0$ である。物体に固定した座標系から見れば,物体とともに回転しているものは,遠心力を受けて釣合いの状態にあり,静止しているように見える。

また，物体にひもを付けて回転させると，物体に働く求心力の反作用がひもに作用する．その力は，物体がひもを引く外向きの力であり，物体の遠心力と大きさ，向きの等しい実在する力である．ひもは，回転中心と物体の両側から引っ張られており，その合力が求心力となって回転している．さらに，ひもの遠心力を考えれば，ひもに作用する力は釣り合うことになる．このことから

（**物体がひもを引く力**）＋（**ひもの遠心力**）－（**回転中心がひもを引く力**）＝ **0**

なお，ひもの質量を無視できる場合には，（ひもの遠心力）＝ 0 となり，ひもが回転中心と物体から引かれる張力は，物体に働く求心力の大きさに等しくなる．

例題 5.7 電車が 36 km/h の一定の速さで走っているとき，円軌道に入って車内に吊した質量が 100 g のおもりが鉛直方向から 5°傾いた．このとき

(1) 軌道の半径 r はいくらか．

(2) おもりの糸の張力 T はいくらか．

解答 作用している力は，重力 mg，遠心力 mv^2/r，糸の張力 T であり，この3力が釣り合っている状態にある．また，36 km/h ＝ 10 m/s である．

(1) $\dfrac{mv^2/r}{mg} = \tan 5°$　∴ $r = \dfrac{v^2}{g \cdot \tan 5°} = \dfrac{10^2}{9.8 \times 0.0875} = 117\,\text{m}$

(2) $T = \dfrac{mg}{\cos 5°} = \dfrac{0.100 \times 9.8}{0.9962} = 0.984\,\text{N}$　◆

例題 5.8 1.6 kg 以上の物体を吊るすと切れてしまう糸がある．この糸に 0.20 kg の小石を結び付けて，小石から 0.40 m のところをもって水平面内で回転させた．この回転を増加させて糸が切れたとき，小石の速さはいくらか．ただし，糸は伸びないものとする．

解答 糸の張力は，1.6 kgw ＝ 1.6 × 9.8 ＝ 15.7 N になったときに糸が切れるから，求心力が 15.7 N になるときの速さを求めると，$F = mv^2/r$ より

$$15.7 = \dfrac{0.20 \times v^2}{0.40} \quad \therefore v = 5.6\,\text{m/s}$$　◆

例題 5.9 地表から 630 km（地球の中心からは 7.00×10^6 m となり，重力加速度は $7.8\,\text{m/s}^2$ となる）の距離を回る質量が 500 kg の人工衛星がある。
(1) 求心力の大きさはいくらか。
(2) 速さはいくらか。
(3) 周期は何分か。

解答 (1) 求心力は，この高さでの重力に等しい。

$$mg' = 500\,\text{kg} \times 7.8\,\text{m/s}^2 = 3.9 \times 10^3\,\text{N}$$

(2) $mg' = mv^2/r$ より

$$v^2 = g'r = 7.8 \times 7.00 \times 10^6 = 54.6 \times 10^6 \quad \therefore v = 7.4 \times 10^3\,\text{m/s}$$

(3) $v = 2\pi r/T$ より

$$T = \frac{2\pi r}{v}$$
$$= \frac{2 \times 3.14 \times 7.00 \times 10^6}{7.4 \times 10^3} = 5.94 \times 10^3\,\text{s} = 99 \times 60\,\text{s} = 99\,\text{分} \quad \blacklozenge$$

例題 5.10 タクシーが曲率半径 7 m のカーブを 25 km/h の速さで右に曲がった。後部座席に座っている体重が 650 N の乗客に作用する求心力はいくらか。ただし，重力加速度を $g = 9.8\,\text{m/s}^2$ とする。

解答 求心力 F は，$F = mv^2/r$ により求まる。25 km/h を秒速になおすと

$$25\,\text{km/h} = \frac{25 \times 1\,000}{3\,600} = 6.94\,\text{m/s}$$

上式に既知の値を代入して

$$F = \frac{650}{9.8} \times \frac{6.94^2}{7} = 456.3\,\text{N} \quad \blacklozenge$$

演 習 問 題

【1】 加速度 a で走っている電車内で，天井から吊り下げられた単振り子を見ると，単振り子の糸が鉛直方向と角 θ をなして静止していた。このときの糸の張力の大きさと $\tan\theta$ はいくらか。

【2】 質量が 1 100 kg の自動車が 15 km/h から 60 km/h の速さになるまでに 5 秒間かかった。タイヤと路面との間の摩擦力はいくらか。

【3】 質量が 70 kg の物体が 4 m/s の速さで運動している。この物体を 20 秒間で停止（静止）させるのに必要な力はいくらか。

【4】 質量が 60 kg の物体が，加速度が 19.6 m/s^2 で一直線上を運動している。この物体に働いている力はいくらか。

【5】 水平な道路を速度 v で走っている自動車が急ブレーキをかけた。ブレーキをかけてから自動車が停止するまでに走った距離 s はいくらか。ただし，自動車の質量を m，タイヤと道路との間の摩擦係数を μ とする。

【6】 平面を角度 θ だけ傾けて，物体を斜面に沿って放って，距離が s の二点間を通過するときの時間間隔 Δt を測定した。これより，等速運動の場合の平面と物体との間の動摩擦係数 μ を求めよ。

【7】 質量が m のおもりを長さ l のひもの先端に取り付けた単振り子を，角度が θ_0 の位置から放して振動させたときに，角度 θ の位置を通過するときの速度，加速度および張力を求めよ。

【8】 タクシーが曲率半径 8 m のカーブを 20 km/h の速さで右に曲がった。左側の後部座席に座っていた体重が 650 N の乗客に作用する求心力はいくらか。

【9】 重量が 12 000 N，重心の高さが地上から 0.70 m，タイヤ間の距離が 1.35 m の自動車が，曲率半径が 8 m のカーブを通過するときに，横転してしまう速度（時速）v はいくらか。

【10】 重心の位置が地上から 1.5 m のところにあるトラックが，半径 100 m の平坦なカーブを曲がるとき，横転しないための最大の速度はいくらか。ただし，トラックの質量は 6 t で左右の車輪の間隔は 1.6 m とする。

6 剛体の動力学

　剛体の運動は，重心の並進運動と重心のまわりの回転運動の重ね合わせとして表すことができる。並進運動は，質点の運動と同様に運動方程式によって記述され，回転運動は，回転運動の方程式によって記述される。本章では剛体の回転運動の方程式の導出，慣性モーメントの求め方，剛体の運動の解析方法などについて解説する。

6.1 固定軸のまわりの回転運動

6.1.1 回転運動の方程式

　図 6.1 のように固定軸 OO' のまわりの剛体 V の回転運動を考える。剛体が角速度 ω，角加速度 α で回転しているとき，半径 r の位置にある質量 dm の微小部分には，接線方向には回転を加速するための力 df_t，半径方向には向心力 df_r が働く。微小部分の運動方程式を式 (6.1)，式 (6.2) に示す。

$$df_t = r\alpha\,dm \tag{6.1}$$

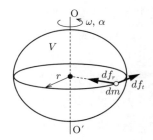

図 6.1　固定軸まわりの回転運動

$$df_r = r\omega^2\,dm \tag{6.2}$$

OO′ 軸まわりの df_r のモーメントは 0 となるから，半径方向の力 df_r は物体の回転運動の変化には寄与しない．接線方向の力 df_t による OO′ 軸まわりのモーメントは，式 (6.1) を用いると

$$r\,df_t = r^2\alpha\,dm \tag{6.3}$$

式 (6.3) を，剛体 V 全体にわたって積分すると，各微小部分の間に働く内力のモーメントは，作用・反作用の法則により互いに打ち消し合って 0 となり，剛体の外部から働くすべてのモーメントの和 M に等しくなる．

$$\int_V r\,df_t = \alpha\int_V r^2\,dm = M \tag{6.4}$$

ここで

$$I = \int_V r^2\,dm \tag{6.5}$$

と置けば次式を得る．

$$I\alpha = M \tag{6.6}$$

式 (6.6) を，**回転運動の方程式**（equation of rotational motion）という．また，式 (6.5) の I を OO′ 軸のまわりの**慣性モーメント**（moment of inertia）という．慣性モーメントの単位は $[\mathrm{kg\cdot m^2}]$ である．

回転運動の方程式 (6.6) は，慣性モーメント I の物体を角加速度 α で回転させるためには $I\alpha$ のモーメント（またはトルク）が必要であることを示しており，I は「回転しにくさ」を表している．これは，運動方程式 $ma = F$ において，質量 m が「動きにくさ」を表すのに対応している．慣性モーメント I の定義式より，質量が回転軸から離れて分布しているほど I が大きくなり，回転しにくくなる．例えば，フィギュアスケーターがスピンを行うときには，腕を伸ばすと I が大きくなるため回転が遅くなり，腕を縮めると I が小さくなるため回転が速くなる．剛体の質量を m とすれば，慣性モーメントは

$$I = mk^2, \quad k = \sqrt{\frac{I}{m}} \tag{6.7}$$

と書ける．k は**回転半径**（radius of gyration）と呼ばれており，長さの次元をもつ．慣性モーメントを一定にしたまま，全質量を一点に集中させたと考えたときの回転軸からその点までの距離を表している．

例題 6.1 (1) 図 6.2 (a) のように半径 R，慣性モーメント I の定滑車にロープを巻き付け，ロープの端を mg の力で引っ張ったとき，滑車の角加速度 α はいくらか．

(2) 図 (b) のように半径 R，慣性モーメント I の定滑車にロープを巻き付け，ロープの端に質量 m の物体を吊るしたとき，滑車の角加速度 α はいくらか．

(3) 図 (c) のように半径 R，慣性モーメント I の定滑車にロープをかけ，ロープの一端に質量 m，他端に質量 $2m$ の物体を吊るしたとき，滑車の角加速度 α はいくらか．

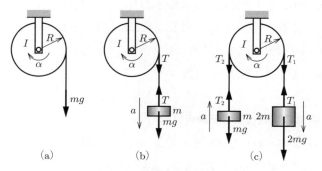

図 6.2 滑車の加速

解答 (1) 円板の回転運動の方程式は，$I\alpha = mgR$ $\therefore \alpha = mgR/I$

(2) 糸の張力を T，物体の下向きの加速度を a とすると

滑車の回転運動の方程式：$I\alpha = TR$

おもりの方程式：$ma = mg - T$

また，α と a の間には，$a = R\alpha$ の関係がある．

$$T = mg - ma = mg - mR\alpha, \quad I\alpha = (mg - mR\alpha)R = mgR - mR^2\alpha$$
$$\therefore \alpha = \frac{mgR}{I + mR^2}$$

(3) 滑車の両端のロープの張力を T_1, T_2，物体の運動方向の加速度を a とする．

滑車の回転運動の方程式：$I\alpha = (T_1 - T_2)R$

質量 $2m$ の物体の運動方程式：$2ma = 2mg - T_1$ （下向きが正）

質量 m の物体の運動方程式：$ma = T_2 - mg$ （上向きが正）

$$T_1 = 2mg - 2ma = 2mg - 2mR\alpha, \quad T_2 = ma + mg = mR\alpha + mg$$
$$I\alpha = \{(2mg - 2mR\alpha) - (mR\alpha + mg)\}R = mgR - 3mR^2\alpha$$
$$\therefore \alpha = \frac{mgR}{I + 3mR^2} \qquad \blacklozenge$$

滑車の両端に働くロープの張力 T_1, T_2 は一般には等しくならず，張力の差は滑車とロープの間に生じる摩擦力に等しい．張力の差（＝摩擦力）と半径の積が滑車の回転を加速させるために必要なトルクになる（$I\alpha = (T_1 - T_2)R$）．滑車の慣性モーメント I が無視できる場合には，$(T_1 - T_2)R = 0$ より滑車の両端の張力は等しくなる（$T_1 = T_2$）．また滑車に鉛直下向きに mg の力を加えることと，質量 m の物体を吊るすことは効果が異なり，物体を付加することにより慣性が増加して加速されにくくなる．

6.1.2 剛体の回転による不釣合い

剛体が固定軸のまわりを回転するとき，剛体内の微小質量 dm には，半径方向に $df_r = r\omega^2\, dm$ の向心力が働くが，その反作用として回転軸や軸受には df_r に等しい外側に向かう力が働く．df_r の x 成分，y 成分はそれぞれ

$$df_{rx} = r\omega^2 \cos\theta\, dm = x\omega^2\, dm \tag{6.8}$$

$$df_{ry} = r\omega^2 \sin\theta\, dm = y\omega^2\, dm \tag{6.9}$$

これを剛体全体にわたって積分すると，回転軸に働く外向きの力の合力 F_r が得られる．

$$F_{rx} = \omega^2 \int_V x\,dm = mx_G\omega^2 \tag{6.10}$$

$$F_{ry} = \omega^2 \int_V y\,dm = my_G\omega^2 \tag{6.11}$$

$$F_r = m\omega^2\sqrt{x_G{}^2 + y_G{}^2} = mr_G\omega^2 \tag{6.12}$$

r_G は回転軸から剛体の重心までの距離である．F_r は，剛体の全質量が重心に集中していると考えたときの遠心力に等しい．重心が回転軸上にある場合は，$F_r = 0$ となるが，図 6.3 (a) のように重心が回転軸上にない（偏心している）場合には，常に重心の方向に遠心力に等しい力が働き，振動や騒音が発生する．この状態は，軸が回転していなくても偏心による回転力が生じるため，**静的不釣合い** (static unbalance) と呼ばれる．また，重心が回転軸上にあっても，図 (b) のように軸に垂直な二つの平面上で互いに反対向きに質量の偏りがあれば，軸を回転させた際に二つの遠心力が偶力となり，軸を傾けようとするモーメントが働く．これを**偶不釣合い** (couple unbalance) と呼び，静的不釣合いと偶不釣合いを合わせて，回転中に現れる不釣合いを**動的不釣合い** (dynamic unbalance) と呼ぶ．回転機械では，わずかに偏心していても高速回転により大きな振動が発生するため，重心位置の反対側におもりを取り付けて不釣合いを修正する**釣合せ** (balancing) の作業が行われる．一方，携帯電話のマナーモードに用いられるバイブレータは，モータの軸に非対称のおもりを付けて偏心させることによって振動を発生させている．

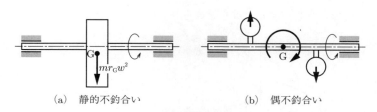

(a) 静的不釣合い　　　(b) 偶不釣合い

図 6.3 回転軸の不釣合い

例題 6.2 質量 15.0 kg のホイールに 3 mm の偏心が検出された．回転軸

に対し，重心の反対側に 360 mm 離れた位置におもりを取り付けて釣り合わせるとき，必要なおもりの質量 m を求めよ．

解答 回転軸を角速度 ω で回転させるとき，ホイールの重心による遠心力と，おもりによる遠心力の釣合いより

$$15.0 \times 0.003 \times \omega^2 = m \times 0.36 \times \omega^2$$

よって，質量 m は，角速度に関係なく次のように求められる．

$$\therefore m = \frac{15.0 \times 0.003}{0.36} = 1.25 \times 10^{-1}\,\mathrm{kg} = 125\,\mathrm{g}$$

◆

6.2　慣性モーメントに関する定理

慣性モーメントを計算するために，次の二つの定理がよく用いられる．

〔1〕 **平行軸の定理**（parallel axis theorem）　　質量 M の物体の，重心 G を通る軸のまわりの慣性モーメントを I_G とし，その軸と平行で重心を通らない軸のまわりの慣性モーメントを I とする．両軸間の距離を d とすれば，次の関係が成り立つ．

$$I = I_G + Md^2 \tag{6.13}$$

〔式の導出〕 図 **6.4** に示すように重心 G が原点，重心を通る軸が z 軸となるように座標系を設定する．重心を通らない軸の x 座標，y 座標を (x', y') と

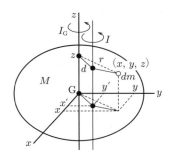

図 **6.4**　平行軸の定理

する。

$$I = \int_V \{(x-x')^2 + (y-y')^2\}\,dm$$
$$= \int_V (x^2 - 2xx' + x'^2 + y^2 - 2yy' + y'^2)\,dm$$
$$= \int_V (x^2 + y^2)\,dm - 2x'\int_V x\,dm - 2y'\int_V y\,dm + \int_V (x'^2 + y'^2)\,dm$$
$$= \int_V r^2\,dm - 2x'x_\mathrm{G} m - 2y'y_\mathrm{G} m + d^2 \int_V dm$$

ここで，$\int_V r^2 dm = I_\mathrm{G}$, $x_\mathrm{G} = y_\mathrm{G} = 0$, $\int_V dm = M$ であるから

$$I = I_\mathrm{G} + Md^2 \tag{6.14}$$

平行軸の定理から，重心を通る軸のまわりの慣性モーメント I_G は，ほかの軸のまわりの慣性モーメントよりも小さいことがわかる。

〔2〕 **直交軸の定理**（perpendicular axis theorem） これは，薄い板状の物体の慣性モーメントに関する定理である。**図 6.5** のように板の表面上の任意の点 O を通り，板の面に垂直な軸のまわりの慣性モーメントを I_z，点 O で直交し，板の面内にある二直線のまわりの慣性モーメントをそれぞれ I_x, I_y とすると，次の関係が成り立つ。

$$I_z = I_x + I_y \tag{6.15}$$

（式の導出）

$$I_z = \int_V r^2\,dm = \int_V (x^2 + y^2)\,dm = \int_V y^2\,dm + \int_V x^2\,dm = I_x + I_y$$

I_z は**極慣性モーメント**（polar moment of inertia）と呼ばれる。

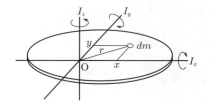

図 **6.5** 直交軸の定理

6.3 簡単な形状の物体の慣性モーメント

6.3.1 細　い　棒

長さ l，質量 M の一様な細い棒の中心 O を通り，棒に垂直な軸のまわりの慣性モーメントを I_y，棒の端点を通り棒に垂直な軸まわりの慣性モーメントを $I_{y'}$ とする．図 6.6 (a) のように棒に沿って x 軸をとり，長さ dx の微小部分を考える．

$$I_y = \int x^2\,dm = \int_{-l/2}^{l/2} x^2 \left(M\frac{dx}{l}\right) = \frac{M}{l}\int_{-l/2}^{l/2} x^2\,dx = \frac{M}{l}\left[\frac{x^3}{3}\right]_{-l/2}^{l/2}$$

$$= \frac{M}{3l}\left\{\frac{l^3}{8} - \left(-\frac{l^3}{8}\right)\right\} = \frac{1}{12}Ml^2$$

回転半径は

$$k_y = \sqrt{\frac{I_y}{M}} = \frac{l}{2\sqrt{3}}$$

また，平行軸の定理より

$$I_{y'} = I_y + M\left(\frac{l}{2}\right)^2 = \frac{1}{12}Ml^2 + \frac{1}{4}Ml^2 = \frac{1}{3}Ml^2$$

$$k_{y'} = \sqrt{\frac{I_{y'}}{M}} = \frac{l}{\sqrt{3}}$$

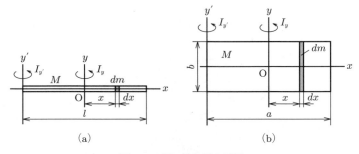

図 6.6　細い棒と長方形板

6.3.2 長方形の板と直方体

図 6.6 (b) のように細い棒を y 軸方向に積層すれば長方形の板となり，慣性モーメントは細い棒と同様に計算できる．x 軸，y 軸に平行な辺の長さをそれぞれ a, b とすれば

$$I_y = \int_{-a/2}^{a/2} x^2 \left(M \frac{dx}{a} \right) = \frac{M}{a} \left[\frac{x^3}{3} \right]_{-a/2}^{a/2} = \frac{1}{12} Ma^2, \quad k_y = \frac{a}{2\sqrt{3}}$$

長方形の y 軸に平行な辺のまわりの慣性モーメントは，平行軸の定理より

$$I_{y'} = I_y + M \left(\frac{a}{2} \right)^2 = \frac{1}{3} Ma^2, \quad k_y = \frac{a}{\sqrt{3}}$$

このように回転軸方向に同一の物体を積層しても，慣性モーメントの式の形は変わらない．また，x 軸のまわりの慣性モーメントは

$$I_x = \frac{1}{12} Mb^2, \quad k_x = \frac{b}{\sqrt{3}}$$

極慣性モーメントは，直交軸の定理より

$$I_z = I_x + I_y = \frac{1}{12} M(a^2 + b^2), \quad k_z = \frac{\sqrt{a^2 + b^2}}{2\sqrt{3}}$$

図 6.7 のように，長方形の板を厚み方向に積層して得られる直方体の慣性モーメントも同じ式で与えられる．

$$I_z = \frac{1}{12} M(a^2 + b^2), \quad k_z = \frac{\sqrt{a^2 + b^2}}{2\sqrt{3}}$$

$$I_x = \frac{1}{12} M(b^2 + c^2), \quad I_y = \frac{1}{12} M(c^2 + a^2)$$

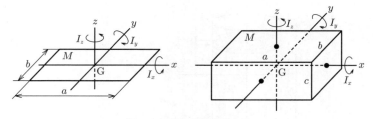

図 6.7 長方形板と直方体

6.3.3 円板と直円柱

図 6.8 のように半径 R の円板を,半径 r,幅 dr の薄いリングを集めたものと考える.リングの面積は円周 $\times dr = 2\pi r dr$,単位面積当りの質量は $M/\pi R^2$,中心を通り円板に垂直な軸まわりの慣性モーメントは

$$I_z = \int_0^R r^2 \frac{M}{\pi R^2} 2\pi r dr = \frac{2M}{R^2} \int_0^R r^3 dr = \frac{2M}{R^2} \left[\frac{r^4}{4} \right]_0^R = \frac{1}{2} MR^2$$

直交軸の定理より

$$I_x = I_y = \frac{I_z}{2} = \frac{1}{4} MR^2$$

直円柱の z 軸まわりの慣性モーメントは,薄い円板を z 軸方向に積層したものであるから

$$I_z = \frac{1}{2} MR^2$$

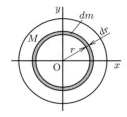

図 6.8 円 板

次に直円柱の x 軸のまわりの慣性モーメントを求める.**図 6.9** に示すように高さ z の位置での薄い円板の質量は $M\,dz/h$ となるから,薄い円板の慣性モー

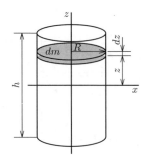

図 6.9 直 円 柱

メントは，平行軸の定理より

$$\frac{1}{4}\left(M\frac{dz}{h}\right)R^2 + \left(M\frac{dz}{h}\right)z^2 = \frac{M}{h}\left(\frac{1}{4}R^2 + z^2\right)dz$$

これを $-h/2 \leqq z \leqq h/2$ の範囲で積分すると

$$I_x = 2\int_0^{h/2} \frac{M}{h}\left(\frac{1}{4}R^2 + z^2\right)dz = \frac{2M}{h}\left[\frac{R^2 z}{4} + \frac{z^3}{3}\right]_0^{h/2}$$
$$= \frac{2M}{h}\left(\frac{R^2 h}{8} + \frac{h^3}{24}\right) = M\left(\frac{R^2}{4} + \frac{h^2}{12}\right)$$

6.3.4 球

図 6.10 のように高さ z の位置の薄い円板を考える。

半径：$r = \sqrt{R^2 - z^2}$

質量：$dm = \dfrac{\pi r^2 dz}{4\pi R^3/3} M = \dfrac{3M}{4R^3} r^2 dz$

円板の z 軸まわりの慣性モーメントは $1/2 r^2 dm$ であるから

$$I_z = 2\int_0^R \frac{1}{2}r^2\left(\frac{3M}{4R^3}r^2\right)dz = \frac{3M}{4R^3}\int_0^R r^4 dz = \frac{3M}{4R^3}\int_0^R (R^2-z^2)^2 dz$$
$$= \frac{3M}{4R^3}\int_0^R (z^4 - 2R^2 z^2 + R^4)dz = \frac{3M}{4R^3}\left[\frac{z^5}{5} - \frac{2}{3}R^2 z^3 + R^4 z\right]_0^R$$
$$= \frac{3M}{4R^3} \times \frac{8}{15}R^5 = \frac{2}{5}MR^2$$

図 6.11 に簡単な形状の物体の慣性モーメントをまとめて示す。

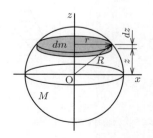

図 6.10　球

120 6. 剛体の動力学

$I_y = \dfrac{1}{12}Ml^2$
$I_{y'} = \dfrac{1}{3}Ml^2$
(a) 細い棒

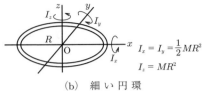
$I_x = I_y = \dfrac{1}{2}MR^2$
$I_z = MR^2$
(b) 細い円環

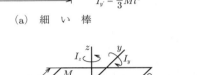
$I_x = \dfrac{1}{12}Mb^2,\ I_y = \dfrac{1}{12}Ma^2,\ I_z = \dfrac{1}{12}M(a^2+b^2)$
(c) 長方形の板

$I_x = I_y = \dfrac{1}{4}MR^2,\ I_z = \dfrac{1}{2}MR^2$
(d) 円板

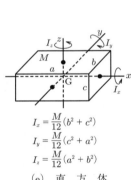
$I_x = \dfrac{M}{12}(b^2+c^2)$
$I_y = \dfrac{M}{12}(c^2+a^2)$
$I_z = \dfrac{M}{12}(a^2+b^2)$
(e) 直方体

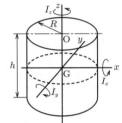
$I_x = I_y = \dfrac{1}{12}M(3R^2+h^2)$
$I_z = \dfrac{1}{2}MR^2$
(f) 円柱

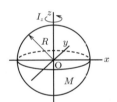
球：$I_z = \dfrac{2}{5}MR^2$
球殻：$I_z = \dfrac{2}{3}MR^2$
(g) 球・薄い球殻

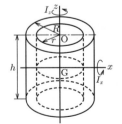
$I_x = \dfrac{1}{12}M\{3(R^2+r^2)+h^2\},\ I_z = \dfrac{1}{2}M(R^2+r^2)$
(h) 中空円柱

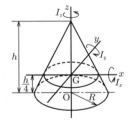
$I_x = \dfrac{3}{80}M(4R^2+h^2),\ I_z = \dfrac{3}{10}MR^2$
(i) 円錐

図 6.11　種々の形状の物体の慣性モーメント

例題 6.3 図 6.12 に示す四個の円孔を有する，直径 800 mm，厚さ 200 mm の円形鋼板（密度 $\rho = 7.83 \times 10^3 \text{ kg/m}^3$）の，面に垂直な中心軸まわりの慣性モーメント I を求めよ．

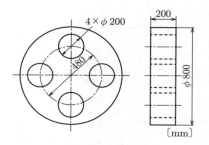

図 6.12 円形鋼板

解答 円形鋼板の質量を M_1，半径を R_1，円孔部分の質量を M_2，半径を R_2，板の厚さを t，回転軸から円孔の中心までの距離を d と置く．

$$\begin{aligned}
I &= \frac{1}{2}M_1 R_1{}^2 - 4\left(\frac{1}{2}M_2 R_2{}^2 + M_2 d^2\right) \\
&= \frac{1}{2}\pi R_1{}^4 t\rho - 4\left(\frac{1}{2}\pi R_2{}^4 t\rho + \pi R_2{}^2 t\rho d^2\right) \\
&= \pi t\rho \left(\frac{R_1{}^4}{2} - 2R_2{}^4 - 4R_2{}^2 d^2\right) \\
&= \pi \times 0.2 \times 7.83 \times 10^3 \times \left(\frac{0.4^4}{2} - 2 \times 0.1^4 - 4 \times 0.1^2 \times 0.24^2\right) \\
&= 50.7 \text{ kg} \cdot \text{m}^2
\end{aligned}$$
◆

例題 6.4 底面の半径 R，高さ h，質量 m の直円錐の対称軸まわりの慣性モーメントを求めよ．

解答 図 6.13 のように頂点を下にした円錐の，高さ z の位置の薄い円板を考える．

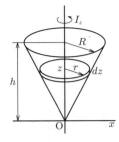

図 6.13 直円錐

半径：$r = \dfrac{z}{h}R$，質量：$dm = \dfrac{\pi(zR/h)^2\,dz}{\pi R^2 h/3}M = \dfrac{3z^2}{h^3}M\,dz$

慣性モーメント：$\dfrac{1}{2}r^2\,dm$

$\therefore I_z = \displaystyle\int_0^h \dfrac{1}{2}r^2\,dm = \int_0^h \dfrac{z^2 R^2}{2h^2}\dfrac{3z^2}{h^3}M\,dz = \dfrac{3MR^2}{2h^5}\int_0^h z^4\,dz$

$= \dfrac{3MR^2}{2h^5}\left[\dfrac{z^5}{5}\right]_0^h = \dfrac{3}{10}MR^2$ ◆

6.4　剛体の平面運動

　剛体の内部のすべての点が，ある平面に平行に運動するとき，その剛体は**平面運動**（plane motion）しているという．剛体に働く力の合力が，常に剛体の重心を含む一つの平面内にあるとき，剛体は平面運動する．剛体の平面運動は，一般に，**並進運動**と重心のまわりの**回転運動**を合成したものになる．並進運動とは，**図 6.14**（a）のように剛体の向きを変えない運動であり，ある瞬間の重心の速度を u とすれば，物体上のすべての点の速度ベクトルが u に等しくなり，剛体内の任意の二点 A, B をとれば，線分 AB は常に平行を保ちながら移動する．

　図（b）のように剛体が重心のまわりに回転しているとき，その角速度を ω とし，重心 G から物体上の点 A までの距離を r_A，点 A が描く円軌道の接線方向の単位ベクトルを t_A とすれば，点 A の速度ベクトルは $v_A = r_A\omega t_A$ と表され，速度の大きさは $r_A\omega$，向きは $\overrightarrow{GA}$ に垂直となる．

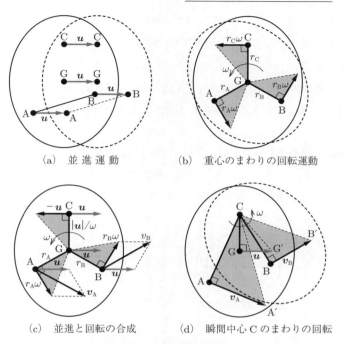

図 6.14 剛体の平面運動

速度 u の並進運動と，重心のまわりの角速度 ω の回転運動を合成すると，点 A の速度は次のようになる。

$$v_A = u + r_A \omega t_A \tag{6.16}$$

このとき，図 (c) に示すように，重心から u に垂直に $|u|/\omega$ だけ離れた点 C を選ぶと

$$v_C = 0 \tag{6.17}$$

とすることができる。このように，ある瞬間に速度が 0 となる点を C とすれば，剛体はその瞬間には点 C のまわりに回転していることになり，図 (d) に示すように剛体上の任意の点 A の速度は，$|v_A| = \overline{CA}\omega$，$v_A \perp \overrightarrow{CA}$ となる。このような点 C のことを**瞬間中心**（instant center of rotation）と呼ぶ。瞬間中心の

位置は一般に時間とともに変化するが，剛体がピンで固定されているときには，その点が常に瞬間中心になる．瞬間中心は剛体の外部となることもあるが，剛体を仮想的に延長して瞬間中心が剛体内に入るようにすれば，その点の速度は0となる．また，図 (d) において $\triangle \text{CAA}' \infty \triangle \text{CBB}' \infty \triangle \text{CGG}'$ であり，瞬間中心と各点の速度ベクトルで作られる直角三角形はすべて相似になる．

例題 6.5 図 6.15 のように，半径 R の円板が水平面上を角速度 ω ですべることなく転がっているとき，円板の瞬間中心はどこか．また円板上の点 O，A，B，C，D の速度の大きさと向きを求めよ．

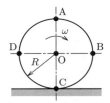

図 6.15　円板の転がり (1)

解答 1 （並進運動と重心まわりの回転運動の重ね合わせ）　円板の並進運動の速度 u は，$\overrightarrow{\text{OB}}$ の向きに大きさ $R\omega$ である（図 6.16 (a)）．また，円板を重心 O のまわりに角速度 ω で回転させるとき，点 A～D の速度は，各点での円の接線の方向に大きさ $R\omega$ となる．円板の転がり運動は，並進と重心のまわりの回転の重ね合わせで表されるから，各点の速度は，並進速度 u と回転による速度のベクトル和となる．図 (a) より

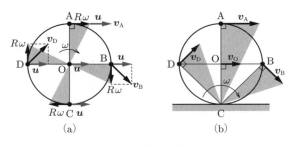

図 6.16　円板の転がり (2)

点 O：$|\bm{v}_\mathrm{O}| = R\omega$, $\overrightarrow{\mathrm{OB}}$ の向き

点 A：$|\bm{v}_\mathrm{A}| = 2R\omega$, $\overrightarrow{\mathrm{OB}}$（移動方向）と同じ向き

点 B：$|\bm{v}_\mathrm{B}| = \sqrt{2}R\omega$, $\overrightarrow{\mathrm{OB}}$ に対して $-45°$ の向き

点 C：$|\bm{v}_\mathrm{C}| = 0$,

点 D：$|\bm{v}_\mathrm{D}| = \sqrt{2}R\omega$, $\overrightarrow{\mathrm{OB}}$ に対して $+45°$ の向き ◆

速度が 0 となる点 C が瞬間中心である．

解答 2 （瞬間中心のまわりの回転） 一般に「二つの物体が接触を保ちながらすべらずに転がっている」とき，二つの物体の接触点での速度ベクトルは等しく，相対速度は 0 となる．逆に接触点の相対速度が 0 でなければ二つの物体はすべることになる．本問では，水平面と円板の転がりであるから，円板上の接触点 C の速度は 0 となり，接触点 C が瞬間中心となる．図（b）より

点 O：$|\bm{v}_\mathrm{O}| = \overline{\mathrm{CO}}\omega = R\omega$, $\quad \bm{v}_\mathrm{O} \perp \overrightarrow{\mathrm{CO}}$

点 A：$|\bm{v}_\mathrm{A}| = \overline{\mathrm{CA}}\omega = 2R\omega$, $\quad \bm{v}_\mathrm{A} \perp \overrightarrow{\mathrm{CA}}$

点 B：$|\bm{v}_\mathrm{B}| = \overline{\mathrm{CB}}\omega = \sqrt{2}R\omega$, $\quad \bm{v}_\mathrm{B} \perp \overrightarrow{\mathrm{CB}}$

点 C：$|\bm{v}_\mathrm{C}| = 0$

点 D：$|\bm{v}_\mathrm{D}| = \overline{\mathrm{CD}}\omega = \sqrt{2}R\omega$, $\quad \bm{v}_\mathrm{D} \perp \overrightarrow{\mathrm{CD}}$ ◆

6.5 剛体の平面運動の方程式

本節では，剛体が xy 平面と平行に運動しているとき，重心の運動（並進運動）と重心のまわりの回転運動の方程式を導く．**図 6.17** のように剛体 V に働く複数の力の合力を $\bm{F}$，剛体 V に働く重心のまわりのモーメントの合計を M とする．また，剛体 V を微小部分の集まりと考え，任意の微小部分 A の質量を dm，座標を (x,y)，A に働く力を $d\bm{f}$，その成分を df_x, df_y，剛体の重心 G の座標を $(x_\mathrm{G}, y_\mathrm{G})$，重心からの A までの距離を r，線分 GA と x 軸とのなす角を θ とする．θ は微小部分 A の位置により値が異なるが，θ の時間による微分 $\dot{\theta}$，2 階微分 $\ddot{\theta}$ は A の位置によらず，それぞれ剛体の角速度 ω，角加速度 α に

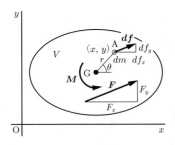

図 6.17 剛体の平面運動の方程式

等しくなる．A の位置，速度，加速度の x 成分，y 成分はそれぞれ次のように表される．

$$\begin{cases} x = x_G + r\cos\theta \\ y = y_G + r\sin\theta \end{cases} \tag{6.18}$$

$$\begin{cases} \dot{x} = \dot{x}_G - r\sin\theta\dot{\theta} = \dot{x}_G - (y - y_G)\omega \\ \dot{y} = \dot{y}_G + r\cos\theta\dot{\theta} = \dot{y}_G + (x - x_G)\omega \end{cases} \tag{6.19}$$

$$\begin{cases} \ddot{x} = \ddot{x}_G - r\cos\theta\dot{\theta}^2 - r\sin\theta\ddot{\theta} = \ddot{x}_G - (x - x_G)\omega^2 - (y - y_G)\alpha \\ \ddot{y} = \ddot{y}_G - r\sin\theta\dot{\theta}^2 + r\cos\theta\ddot{\theta} = \ddot{y}_G - (y - y_G)\omega^2 + (x - x_G)\alpha \end{cases}$$
$$\tag{6.20}$$

微小部分 A に働く力 **df** を剛体全体にわたって積分すると，微小部分どうしに働く内力はキャンセルされ，物体に働く外力の合力 **F** に等しくなる．微小部分の運動方程式 $df_x = \ddot{x}\,dm$，$df_y = \ddot{y}\,dm$ と式 (6.20) を用いると

$$\begin{cases} F_x = \int_V df_x = \int_V \ddot{x}\,dm \\ \quad = \ddot{x}_G \int_V dm - \omega^2 \int_V (x - x_G)\,dm - \alpha \int_V (y - y_G)\,dm \\ F_y = \int_V df_y = \int_V \ddot{y}\,dm \\ \quad = \ddot{y}_G \int_V dm - \omega^2 \int_V (y - y_G)\,dm + \alpha \int_V (x - x_G)\,dm \end{cases}$$

ここで

$$\int_V (x - x_G)\,dm = \int_V x\,dm - x_G \int_V dm = x_G m - x_G m = 0$$

$$\int_V (y - y_G)\,dm = \int_V y\,dm - y_G \int_V dm = y_G m - y_G m = 0$$

よって，剛体の重心の運動方程式は次のようになる．

$$\begin{cases} m\ddot{x}_G = F_x \\ m\ddot{y}_G = F_y \end{cases} \tag{6.21}$$

$$\therefore m\boldsymbol{a}_G = \boldsymbol{F} \tag{6.22}$$

ここで $\boldsymbol{a}_G$ は剛体の重心の加速度ベクトル，$\boldsymbol{F}$ は剛体に働くすべての力の合力であり，$\boldsymbol{F}$ の作用線は重心を通っていなくてもよい．

次に，剛体に働く重心のまわりのモーメントの総和 M を求める．M は，剛体内の微小部分に働く力 $\boldsymbol{df}$ による重心のまわりのモーメントを剛体全体にわたって積分したものに等しい．

$$\begin{aligned} M &= \int_V -(y - y_G)\,df_x + (x - x_G)\,df_y \\ &= \int_V \{-(y - y_G)\ddot{x} + (x - x_G)\ddot{y}\}\,dm \\ &= \int_V [-(y - y_G)\{\ddot{x}_G - (x - x_G)\omega^2 - (y - y_G)\alpha\} \\ &\quad + (x - x_G)\{\ddot{y}_G - (y - y_G)\omega^2 + (x - x_G)\alpha\}]\,dm \\ &= -\ddot{x}_G \int_V (y - y_G)\,dm + \ddot{y}_G \int_V (x - x_G)\,dm \\ &\quad + \alpha \int_V \{(x - x_G)^2 + (y - y_G)^2\}\,dm \\ &= \alpha \int_V r^2\,dm = \alpha I_G \end{aligned}$$

よって，剛体の重心まわりの回転運動の方程式は次のようになる．

$$I_G \alpha = M \tag{6.23}$$

例題 6.6 図 6.18 のように,物体が重心 G から r の距離にある水平軸 O で吊り下げられて振動している。物体の質量を m,重心のまわりの慣性モーメントを I_G,鉛直線に対する OG の角度を θ,物体の角速度を ω,角加速度を α とする。

(1) 物体が回転軸 O から受ける力を $\boldsymbol{F}$ として,物体の重心 G の x, y 方向の運動方程式と G のまわりの回転運動方程式を求めよ。ただし,重力加速度の大きさを g とし,重心の加速度は $r, \theta, \omega, \alpha$ を用いて記述せよ。

(2) (1) の運動方程式から,点 O のまわりの回転運動方程式を導け。

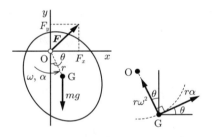

図 6.18 剛体振り子

解答 (1) 重心 G の加速度は,OG に垂直に $r\alpha$(接線加速度),$\overrightarrow{GO}$ の向きに $r\omega^2$(向心加速度)となり,運動方程式は次のようになる。

$$m(r\alpha\cos\theta - r\omega^2\sin\theta) = F_x \cdots \text{①}$$
$$m(r\alpha\sin\theta + r\omega^2\cos\theta) = F_y - mg \cdots \text{②}$$
$$I_G \alpha = -F_x r\cos\theta - F_y r\sin\theta \cdots \text{③}$$

(2) ①,②より F_x, F_y を求め,③に代入すると

$$I_G \alpha = -m(r\alpha\cos\theta - r\omega^2\sin\theta)r\cos\theta$$
$$\quad - m(r\alpha\sin\theta + r\omega^2\cos\theta + g)r\sin\theta$$

$$= -mr^2\alpha(\cos^2\theta + \sin^2\theta) - mgr\sin\theta = -mr^2\alpha - mgr\sin\theta$$

$$(I_G + mr^2)\alpha = -mgr\sin\theta$$

O のまわりの慣性モーメント I_O は平行軸の定理より $I_O = I_G + mr^2$

$$\therefore I_O\alpha = -mgr\sin\theta \qquad \blacklozenge$$

例題 6.7 次の各問に答えよ。

(1) 図 6.19 (a) のように，質量 m，半径 R の円板に糸を巻き付け，糸の一端を固定して円板を放すとき，円板の重心の加速度 a と，糸の張力 T を求めよ。

(2) 図 6.19 (b) のように，質量 m，半径 R の円板が水平面と θ の角度をもつ斜面をすべることなく転がるとき，円柱の重心の加速度を求めよ。

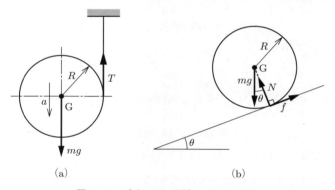

図 6.19 重力による円板の転がり運動

解答 (1) 円板には重力 mg と糸の張力 T が作用している。円板の重心の鉛直方向の運動方程式は，下向きを正とすると

$$ma = mg - T \cdots ①$$

円板の重心のまわりの慣性モーメントを I，角加速度を α とすれば，回転運動の方程式は

$$I\alpha = TR \cdots ②$$

$I = 1/2mR^2$ であり，重心の加速度と角加速度の間には $a = R\alpha$ の関係があるから

$$\frac{1}{2}mRa = TR \quad \therefore ma = 2T \cdots ③$$

①，③より

$$2T = mg - T \quad \therefore T = \frac{1}{3}mg, \quad a = \frac{2T}{m} = \frac{2}{3}g$$

(2) 円板には重力 mg と斜面の垂直反力 N，斜面に沿った摩擦力 f が働く。斜面に平行な方向の重心の運動方程式は

$$ma = mg\sin\theta - f$$

重心のまわりの回転運動の方程式は

$$I\alpha = fR$$

円板の慣性モーメントは $I = 1/2mR^2$ であり，$a = R\alpha$ の関係があるから，$1/2mR^2\alpha = fR$ より

$$ma = 2f$$
$$2f = mg\sin\theta - f \quad \therefore f = \frac{1}{3}mg\sin\theta, \quad a = \frac{2f}{m} = \frac{2}{3}g\sin\theta \qquad ◆$$

上記 (1)，(2) は，いずれも重力により円板が直線に沿って転がる運動であり，(2) において $\theta = 90°$ とすれば (1) と一致する。いずれも初期状態の円板の位置エネルギーが，重心の運動エネルギーと，重心のまわりの回転エネルギーに変換されるため，重心の速度，加速度は回転を伴わずに重力で落下する場合に比べて 2/3 倍に小さくなる。(2) では接触点ですべりがないため，摩擦力 f は静摩擦となり，摩擦によるエネルギーの損失は生じない。

例題 6.8 図 **6.20** に示すように，長さ l，質量 m の細い一様な棒 AB が，両端を糸で拘束され水平に吊るされている。この状態で糸 AC を切断するとき，切断した直後に生じる棒の重心の加速度 a と糸 BD の張力 T を求めよ。ただし糸の質量は無視できるものとする。

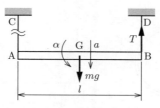

図 6.20 棒を吊るした糸の切断

解答 糸 AC を切断した直後は,棒には糸 BD の張力 T と,重力 mg のみが働く。棒の重心の加速度を a(下向きを正)とすると,重心の運動方程式は

$$ma = mg - T \cdots ①$$

棒の慣性モーメントを I,角加速度を α(反時計回りを正)とすれば,重心のまわりの回転運動方程式は

$$I\alpha = \frac{1}{2}Tl \cdots ②$$

点 B は下向きの運動を拘束されているから,糸を切断した直後は,棒は点 B のまわりを回転することになり,$a = 1/2 l\alpha$ の関係が成り立つ。$I = 1/12 ml^2$, $\alpha = 2a/l$ を②に代入すると

$$\frac{1}{12}ml^2 \times \frac{2a}{l} = \frac{1}{2}Tl \quad \therefore T = \frac{1}{3}ma$$

①より

$$ma = mg - \frac{1}{3}ma \quad \therefore a = \frac{3}{4}g$$
$$T = \frac{1}{3}m \times \frac{3}{4}g = \frac{1}{4}mg$$

糸を切断する前は $T = 1/2\,mg$ であるから,糸 AC を切断すると糸 BD の張力が瞬間的に半分に減少することがわかる。 ◆

演習問題

【1】 図 6.21 に示す質量 M の細い円輪の x 軸,y 軸,z 軸まわりの慣性モーメントを求めよ(z 軸は原点 O を通り xy 平面に垂直な軸とする)。

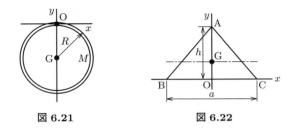

図 6.21　　　　　図 6.22

【2】 図 6.22 に示す底辺の長さ a, 高さ h, 質量 M の二等辺三角形の薄い板 ABC について，次の軸のまわりの慣性モーメントを求めよ．
(1) x 軸　　(2) y 軸　　(3) 重心 G を通り x 軸に平行な軸
(4) 重心 G を通り三角形 ABC に垂直な軸

【3】 図 6.23 に示す質量 M の均質な物体について以下の問に答えよ．
(1) 中心軸のまわりの慣性モーメントを求めよ．
(2) この物体が中心軸と垂直に交わる軸のまわりに回転するとき，慣性モーメントが最小となる軸の位置とその慣性モーメントを求めよ．

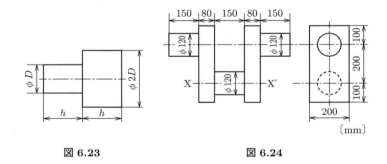

図 6.23　　　　　図 6.24

【4】 図 6.24 に示す鋼製クランク軸の XX' のまわりの慣性モーメントを求めよ．ただし，鋼の密度は $\rho = 7.83 \times 10^3 \,\mathrm{kg/m^3}$ とする．

【5】 $60\,\mathrm{kg \cdot m^2}$ の慣性モーメントをもつ静止したはずみ車に一定のトルク T を加えたところ，10 秒間で回転速度が 300 rpm になった．トルク T の大きさと，10 秒間のはずみ車の回転数を求めよ．

【6】 (1) 外径 R, 内径 r, 質量 M の中空円柱の中心軸のまわりの慣性モーメントを求めよ．
(2) 中実円柱と中空円柱が斜面上を重力によってすべることなく転がるとき，重心の加速度はどちらが大きいか．

【7】 図 6.25 に示す 2 個のプーリ A, B（それぞれ半径 R_A, R_B，慣性モーメント I_A, I_B）にベルトをかけ，プーリ A をトルク T で駆動するとき，プーリ B の角加速度 α_B と，ベルトの張力差 $F_2 - F_1$ を求めよ．

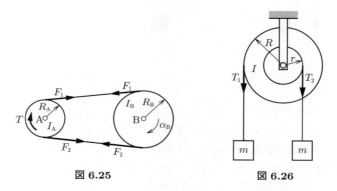

図 6.25　　　　　図 6.26

【8】 図 6.26 に示す外径 R，内径 r，慣性モーメント I の輪軸がある．この輪軸に互いに反対向きにひもを巻き付け，それぞれに質量 m のおもりを付けて離すとき，輪軸の角加速度 α とひもの張力 T_1, T_2 を求めよ．

【9】 図 6.27 のように質量 M，半径 R の円柱に巻かれたロープの端に水平力 T を加えてロープを引いたところ，円柱は水平面上をすべることなく回転した．このとき円柱の中心 O の加速度 a と床との間の摩擦力 F の大きさを求めよ．

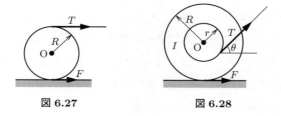

図 6.27　　　　　図 6.28

【10】 図 6.28 のように，外径 R，芯径 r，質量 M，慣性モーメント I のドラムの芯に，ロープが巻かれている．このドラムを水平面に置き，ロープを角度 θ の方向に張力 T で引いたところ，ドラムは水平面上をすべることなく回転した．ドラムの加速度を求めよ．また，$R = 2r$ のとき，ドラムの移動方向が変化する角度 θ を求めよ．

7 摩擦

物体が面上に静止する場合や運動する場合には，その面との間に必ず力が生じる。この力は接触面に沿って物体がすべる運動に対する抵抗力である。この現象を**摩擦**（friction）といい，そのとき，接触面に沿って働く力を**摩擦力**（frictional force）という。この摩擦力には，物体が静止しているときに働く**静止摩擦力**（static frictional force，静摩擦力ともいう）と，運動（しゅう動）しているときに働く**動摩擦力**（dynamic frictional force）とがある。ここでは，摩擦について例題を示しながら解説する。

7.1 静 摩 擦

図 **7.1** に示すように，水平面上にある物体に力 F を加えて動かそうとしても，力 F が小さい場合には物体は動かないことがある。このとき，水平面から物体に対して加えた力 F と反対向きに，力 F と釣り合うような力 f（摩擦力）が働くからである。力 F を大きくしていくと，ある大きさの力になったときに物体は動き出す。これは，摩擦力 f に限界があることを示している。この場合の摩擦力を最大静止摩擦力（最大静摩擦力）といい，その大きさは，垂直抗力 N に比例する。最大静止摩擦力の大きさを F_0 とすると

$$F_0 = \mu_s N \qquad (7.1)$$

ここで，比例定数の μ_s を**静止摩擦係数**（静摩擦係数）という。摩擦係数は，材料の違い

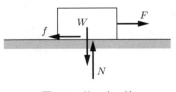

図 7.1 静 摩 擦

や表面の状態，潤滑油の有無や雰囲気などの違いによって影響されて変化するため，安定した一定の値に保持することは難しい。

例題 7.1 水平面に重量が 500 N の物体が置かれている。水平面と物体との間の静止摩擦係数が 0.4 のとき，この物体を動かすための水平方向の力の大きさはいくらか。

解答 $F_0 = \mu_s N$ に既知の値を代入すると

$$F_0 = 0.4 \times 500 \, \text{N} = 200 \, \text{N}$$

◆

7.2 摩 擦 角

図 **7.2** に示すように，質量 W の物体が載っている板を水平な状態から傾けていき，ある角度を超えると物体はすべり始める。この物体がすべり始めるときの板の傾き角 α を**摩擦角**（friction angle）という。このときの力の釣合いから

$$W \sin \alpha = \mu W \cos \alpha \quad (7.2)$$

これより

$$\tan \alpha = \mu \quad \therefore \alpha = \tan^{-1}(\mu) \quad (7.3)$$

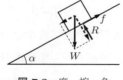

図 **7.2** 摩 擦 角

となる。

例題 7.2 水平面に置かれている重量が 700 N の物体に，水平方向の力を加え，力の大きさを徐々に大きくしていったところ，450 N になったときに物体が動き出した。このときの静止摩擦係数と摩擦角 α はいくらか。

解答 $F_0 = \mu_s N$ に既知の値を代入すると

$$450 = \mu_s \times 700 \, \text{N} \quad \therefore \mu_s = \frac{450}{700} = 0.643$$

摩擦角は，$\alpha = \tan^{-1}(\mu)$ に既知の値を代入すると

$$\alpha = \tan^{-1}(0.643) = 32.74° = 32°44'$$ ◆

7.3 動 摩 擦

図 7.3 に示すように，運動をしている物体に働く摩擦力のことを動摩擦力という。動摩擦力の大きさを F' とすると，この動摩擦力 F' も垂直抗力 N に比例する。動摩擦力は

$$F' = \mu_k N \tag{7.4}$$

ここで，比例定数 μ_k を**動摩擦係数**という。これは，物体が運動している速度には無関係であり，通常は $\mu_s > \mu_k$ である。

図 7.3 動 摩 擦

通常，物体に働く外力を徐々に大きくしていくと，f の大きさが F_0 に達するまでは物体は動かないが，達すると同時に物体は動き出し，動くと摩擦力は静止摩擦力から動摩擦力に変わる。

例題 7.3 水平面上に重量が 50 kgf の物体を水平方向に 120 N の力で引き続けるとき，この物体に作用する加速度 a はいくらか。ただし，面と物体との間の動摩擦係数は 0.07 とする。

解答 物体に働く重力と動摩擦力は

物体の重力 mg (反力 R) $= 50 \text{ kg} \times 9.8 \text{ m/s}^2 = 490 \text{ N}$

動摩擦力 $f = \mu_k R = 0.07 \times 490 \text{ N} = 34.3 \text{ N}$

この物体に加速度を生じさせる力は

$$F = 120 - 34.3 = 85.7\,\text{N}$$

運動方程式 $F = ma$ より，加速度 a は
$$a = \frac{F}{m} = \frac{85.7}{50} = 1.714 \fallingdotseq 1.71\,\text{m/s}^2 \qquad \blacklozenge$$

例題 7.4 水平面となす角が $15°$ の斜面上に重量が $50\,\text{N}$ の物体を置いて，物体に下方から力を加えて速度 $15\,\text{m/s}$ で斜面上方に動かした後，力を取り除いたところ，3 秒後に静止した。このときの物体と斜面との動摩擦係数はいくらか。また，物体が静止するまでに動いた距離はいくらか。ただし，重力加速度は $g = 9.8\,\text{m/s}^2$ とする。

解答 物体の置かれている位置を原点として，斜面に平行に x 軸をとると，物体が斜面を上昇しているときの摩擦力 f は，斜面に平行で下向きに働く。物体に作用する重力 $50\,\text{N}$ を，斜面に垂直方向の成分 $50 \times \cos 15°$ と平行方向の成分 $50 \times \sin 15°$ に分ければ，摩擦力 f は

$$f = \mu \times 50 \times \cos 15°$$

これより，物体の運動方程式は

$$-\mu \times 50 \times \cos 15° - 50 \times \sin 15° - \frac{50}{g} \cdot \frac{d^2 x}{dt^2} = 0$$

初速度 $15\,\text{m/s}$ で 3 秒後に静止するので，加速度 $a = -5\,\text{m/s}^2$ である。運動方程式

$$\frac{50}{g} \cdot (-5) = -\mu \times 50 \times \cos 15° - 50 \times \sin 15°$$

これより，$\mu = 0.26$。$v^2 - v_0{}^2 = 2as$ より

$$s = \frac{0^2 - 15^2}{2 \cdot (-5)} = 22.5\,\text{m} \qquad \blacklozenge$$

7.4 転がり摩擦

図 **7.4** に示すように，平面に平行な力 F が作用して，平面上を半径 r の円筒が転がる場合を考える。円筒と平面との間にすべり摩擦がないとすると，円筒

は平面上をすべるはずである．しかし，実際にはすべり摩擦力 F' が働くので，モーメント Fr によって接触部分を中心として回転運動が生じ，円筒は平面上を転がることになる．

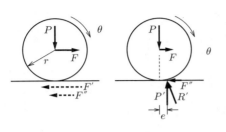

図 7.4 転がり摩擦

接触部には，円筒の弾性変形によって接触面積ができることで摩擦力が生じる．円筒が転がるときに働く接触圧力の分布が非対称になり，圧力の合力の着力点は前方に移動し，転がりに抵抗する偶力のモーメント $P'e$ が生じる．

$$F''r = P'e = Pe \tag{7.5}$$

この関係を満足する F'' は，円筒がすべらないで一定速度で転がり続けるために常に加えなければならない力であり，この力と偶力のモーメントによって接触部に生じる力を転がり摩擦力という．

$$F'' = \frac{e}{r} \cdot P = \mu_r \cdot P \tag{7.6}$$

この転がり摩擦力と垂直荷重との比 μ_r を**転がり摩擦係数**(coefficient of rolling friction) という．μ_r は，材料や表面の状態，円筒の半径などに関係する値で，$10^{-3} \sim 10^{-2}$ 程度の値である．この値は，すべり摩擦と比較すると非常に小さな値であることから，すべり摩擦をコロや車輪を用いて転がり摩擦に変えてやれば，小さな力で重い物を動かすことができる．

なお，図中の着力点のずれ e を，転がり摩擦係数ということもある．ただし，e は長さの単位をもち，鋼では $e = 0.005 \sim 0.05$ mm 程度の値である．また，Pe は，転がり運動を一定速度で継続させるために，常に加えなければならないトルクである．

例題 7.5 平面上を円柱が転がるときの転がり摩擦係数が 0.03 である場合に，この平面を何 $°$ 傾ければ，円筒は等速度で転がり落ちるか．

解答 図 **7.5** に示すように，円柱の重さを W として，角度 α だけ傾けたときに等速度で転がり落ちたとする．この場合，円柱の重さの斜辺方向の力と転がり摩擦力とが釣り合って，円柱に作用する外力の総和が 0 になる．したがって

$$W \sin \alpha = 0.03 \times W \cos \alpha$$

これより

$$\tan \alpha = 0.03 \quad \therefore \alpha = 1.719°$$ ◆

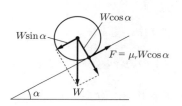

図 **7.5**

7.5 機械要素などの摩擦

7.5.1 ベルト

ベルト（belt）による伝動装置は，ベルトとプーリ（pulley）との間の摩擦力によって動力を伝える装置である．ここでは，プーリの円筒面に巻き付けられたベルトの摩擦について考える．図 **7.6** に示すように，ベルトと円筒とが接触している角度を θ，ベルトの両端に作用する張力を T_1, T_2 $(T_2 > T_1)$，ベルトと円筒との間の静止摩擦係数を μ_s とし，ベルトの微小長さ $rd\phi$ に作用する力の釣合いを考える．

微小長さ $rd\phi$ に作用する力は，ベルトの両端に作用する張力 $T+dT$ と T，

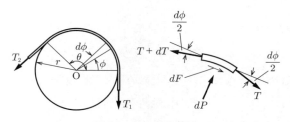

図 **7.6** ベルトの摩擦

円筒の反力 dP，摩擦力 dF である。半径方向の力の釣合いから

$$(T + dT)\sin\frac{d\phi}{2} + T\sin\frac{d\phi}{2} = dP$$

ここで，$\sin(d\phi/2)$ は非常に小さいので

$$\sin\frac{d\phi}{2} \fallingdotseq \frac{d\phi}{2}$$

したがって，高次の微小項を省略すると

$$T\frac{d\phi}{2} + T\frac{d\phi}{2} = dP \quad \therefore T(d\phi) = dP$$

また，点 O まわりのモーメントの釣合いから，$\Sigma M_\mathrm{O} = 0$ より

$$(T + dT)r - rdF - rT = 0 \quad \therefore dF = dT$$

すべることなく，トルクを伝達できる限界では，$dF = \mu_s dP$ である。$T(d\phi) = dP$，$dF = dT$ より

$$T(d\phi) = \frac{dT}{\mu_s} \quad \therefore \mu_s d\phi = \frac{1}{T}dT$$

両辺を積分すると

$$\int_0^\theta \mu_s\, d\phi = \int_{T_1}^{T_2} \frac{1}{T}dT \quad \therefore \mu_s \theta = \log_e\left(\frac{T_2}{T_1}\right)$$

$$\therefore \frac{T_2}{T_1} = e^{\mu_s \theta} \text{ または } T_2 = T_1 e^{\mu_s \theta} \tag{7.7}$$

ここで仮に $\mu_s = 0.5$，$\theta = \pi$ とすると，$T_2 = 4.81 T_1$ となり，これから大きな摩擦抵抗が生じることがわかる。ベルトを使用して動力を伝達するときの最大トルク N は

$$N = (T_2 - T_1)r \tag{7.8}$$

となる。

　船が岸に近付いたときに，ロープを岸の柱に数回巻き付けるだけで船は停留できる。これは，ロープと柱との接触角が非常に大きいため，この摩擦力を利用することで，小さな力で船の動きを止めることができるからである。

例題 7.6 図 7.7 に示すように，500 N·m のトルクを直径 300 mm のドラムに平ベルトをかけて伝達する。ベルトとドラムとの間の静止摩擦係数を 0.3 としたときのベルトの両端の張力 T_1, T_2 はいくらか。ただし，ベルトにはすべり（スリップ）はないものとする。

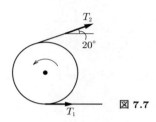

図 **7.7**

解答 図 7.7 より，ベルトとドラムとが接触している角度は 160° である。これをラジアンに変換すると

$$\frac{160° \times \pi}{180} = \frac{8\pi}{9} \text{[rad]}$$

式 (7.7) より

$$T_2 = T_1 e^{\mu_s \theta} = T_1 e^{0.3 \times 8\pi/9} = 2.31 T_1$$

また，式 (7.8) より

$$(T_2 - T_1) \times \frac{0.3}{2} = 500$$

これより

$$T_1 = \frac{500}{1.31 \times 0.15} = 2\,540, \quad T_2 = 2.31 T_1 = 2.31 \times 2\,540 = 5\,870$$

$$\therefore T_1 = 2.54 \text{ kN}, \quad T_2 = 5.87 \text{ kN} \qquad \blacklozenge$$

例題 7.7 質量が m の物体を吊ったロープを，柱に一巻きして支えた。ロープと柱との間の静止摩擦係数を 0.4 とすれば，物体に働く重力 W の何分の一の力で支えることができるか。また，ロープを二巻きした場合はどうか。

解答 ロープの両端の張力を T_1, T_2 とすると，T_1 と T_2 との関係は

$$T_2 = T_1 \cdot e^{-\mu\alpha}$$

$T_1 = W$ で，$\alpha = 2\pi$ であるとすると

$$T_2 = T_1 \cdot e^{-0.4 \times 2\pi} = \frac{1}{12}W$$

また，$\alpha = 4\pi$ であるとすると

$$T_2 = T_1 \cdot e^{-0.4 \times 4\pi} = \frac{1}{152}W$$

すなわち，ロープを一巻きするだけで力が 1/12 となり，二巻きすると力が 1/152 になる。 ◆

7.5.2 ブ レ ー キ

物体の摩擦を利用しているものに**ブレーキ**（brake）がある。これは，機械の運動部分のエネルギーを熱エネルギーや電気エネルギーに変換して，減速させたり停止させたりする装置である。摩擦を利用したブレーキには，ブロックブレーキやバンドブレーキ，ディスクブレーキなどがある。

図 **7.8** に，ブロックブレーキを示す。ブロックブレーキのレバーを力 P で押したときに，ブレーキ片に働く摩擦力を F，ブレーキドラムからの反力を P' とすると，レバーの回転中心点 A まわりのモーメントの釣合いから

$$bP' - aP + cF = 0, \quad F = \mu_k P'$$

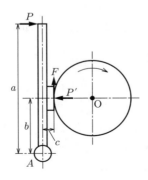

図 **7.8** ブロックブレーキ

よって

$$\frac{bF}{\mu_k} - aP + cF = 0$$

これより

$$F = \frac{\mu_k \cdot aP}{b + \mu_k \cdot c} \tag{7.9}$$

ブレーキドラムが左回りのときは，摩擦力 F の向きが反対向きになるので，同様に求めると

$$F = \frac{\mu_k \cdot aP}{b - \mu_k \cdot c} \tag{7.10}$$

図 7.9 にバンドブレーキを示す。点 O まわりに回転できるバンドブレーキのレバーに力 P を加えたとき，点 A は上に上がり，点 B は下に下がる。ここで，OB > OA であることから，点 A が上がる距離より点 B が下がる距離のほうが大きい。そのため，その差でバンドはブレーキドラムを締め付けて摩擦力が働く。ブレーキドラムが右回りのときの張力 T_1, T_2 の間には，$T_1 = e^{\mu_k \theta} T_2$ の関係があるので，摩擦力 F は

$$F = T_1 - T_2 = (e^{\mu_k \theta} - 1)T_2$$

ブレーキレバーの点 O まわりのモーメントの釣合いから

$$\Sigma M_0 = 0, \quad \text{すなわち}, \ -aT_1 + bT_2 - lP = 0$$
$$(-ae^{\mu_k \theta} + b)T_2 - lP = 0$$
$$\frac{(-ae^{\mu_k \theta} + b)F}{(e^{\mu_k \theta} - 1)} - lP = 0$$

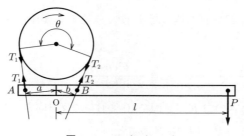

図 **7.9** バンドブレーキ

これより

$$F = lP\frac{(e^{\mu_k\theta} - 1)}{-ae^{\mu_k\theta} + b} \tag{7.11}$$

ブレーキドラムが左回りのときは，摩擦力 F の向きが反対向きになるので，同様に求めると

$$F = lP\frac{(e^{\mu_k\theta} - 1)}{be^{\mu_k\theta} - a} \tag{7.12}$$

7.5.3　く　　さ　　び

斜面を利用したものにくさび (wedge) がある．図 7.10 に，頂角が 2α の二等辺三角形の形をしたくさびを示す．このくさびに力 F を加えて，くさびを物体に打ち込む場合を考える．くさびと物体との間の静止摩擦係数 μ_s を $\mu_s = \tan\lambda$ とすると，くさびに働く力は，くさびを押し込もうとする力を F，物体から接触面に働く垂直な反力を P'，接触面に沿って生じる摩擦力を F' とすると，これらの力の釣合いから

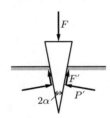

図 7.10　く　さ　び

$$F = 2(P'\sin\alpha + F'\cos\alpha) \tag{7.13}$$
$$= 2P'(\sin\alpha + \mu_s\cos\alpha)$$
$$= 2P'(\sin\alpha + \tan\lambda \cdot \cos\alpha)$$
$$= 2P'\frac{\sin(\alpha + \lambda)}{\cos\lambda} \tag{7.14}$$

このくさびを力 F で打ち込んだ場合の，くさびの側面が物体を押しのけようとする力 P' は

$$P' = \frac{F}{2(\sin\alpha + \mu_s\cos\alpha)} = \frac{F\cos\lambda}{2\sin(\alpha + \lambda)} \tag{7.15}$$

くさびを抜くときの力 F は，図 7.10 において反対向きになり，摩擦力 F' の向きも反対になるので，同様に求めると

$$F = 2P'(\mu_s \cos\alpha - \sin\alpha) = 2P' \frac{\sin(\lambda - \alpha)}{\cos\lambda} \tag{7.16}$$

この式で $\alpha > \lambda$ とすると，$F < 0$ となり，このことは，くさびが自然と抜けることを意味している．

例題 7.8 図 7.11 に示すように，重量が 60 kgf の物体を，重量が 3 kgf のくさびで押し上げるときの，くさびを押し込む力 F はいくらか．ただし，物体とくさびとの間の静止摩擦係数を 0.15，物体と壁，くさびと床との間の静止摩擦係数を 0.20 とする．

図 7.11

解答 60 kgf の物体の力の釣合いは，図 7.12 より

水平方向：$P_1' - P_2' \sin 20° - 0.15 P_2' \cos 20° = 0 \cdots ①$

鉛直方向：$60 + 0.2 P_1' - P_2' \cos 20° + 0.15 P_2' \sin 20° = 0 \cdots ②$

①，②より，P_1'，P_2' を求めると

$$P_1' = 36.6 \,\text{kgf}, \quad P_2' = 75.8 \,\text{kgf}$$

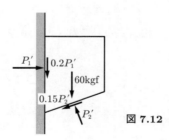

図 7.12

くさびに作用する力の釣合いは，図 7.13 より

水平方向：$0.2 P_3' + 0.15 P_2' \cos 20° + P_2' \sin 20° = F \cdots ③$

鉛直方向：$3 + P_2' \cos 20° - 0.15 P_2' \sin 20° - P_3' = 0 \cdots ④$

$P_2' = 75.8 \,\text{kgf}$ を③，④に代入して解くと

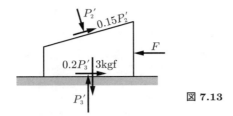

図 **7.13**

$$P_3' = 70.3\,\text{kgf}, \quad F = 50.7\,\text{kgf}$$

すなわち，くさびを利用することによって，60 kgf の物体を 50.7 kgf の力で上昇させることができる。 ◆

7.5.4 ね　　　じ

ねじ（screw）も斜面を利用したものである。**図 7.14** にねじを示す。図のように，直円柱に直角三角形を巻き付けることで生じる斜面の部分がねじ面に相当し，それはらせんに沿った斜面である。

ねじのピッチを p，ねじ山の平均直径を d とすると

$$\tan\alpha = \frac{p}{\pi d} \tag{7.17}$$

ねじで物体を押し上げたり締め付けたりするのは，斜面上の物体の底面に水平な力を作用させる場合に相当する。これより，重さ W の物体を押し上げるために，ねじに加える力 F は

$$F = N\sin\alpha + \mu_s N\cos\alpha \tag{7.18}$$
$$W = N\cos\alpha - \mu_s N\sin\alpha \tag{7.19}$$

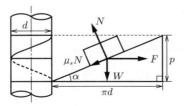

図 **7.14**　ねじの摩擦

ここで，式 (7.17) と式 (7.19) を用いて式 (7.18) を整理すると

$$F = \frac{W(\mu_s \pi d + p)}{\pi d - \mu_s p}$$

締め付けられたねじを緩めるときに必要な力 F は，重さ W の物体を斜面に沿って引き下ろすのと同様であるので

$$F = W \tan(\lambda - \alpha)$$

これより

$$F = \frac{W(\mu_s \pi d - p)}{\pi d + \mu_s p} \tag{7.20}$$

$\alpha > \lambda$，すなわち $p > \mu_s \pi d$ のときに $F < 0$ となる。この状態では，ねじは自然に緩むことになり，締め付けの効果がないから，固定するためのねじは $\alpha < \lambda$ になるように，α の値は 2～3° と小さく作られている。

例題 7.9 平均直径が 60 mm，ピッチが 12 mm のねじを有するジャッキを用いて，3 tf の物体を持ち上げるために，長さが 900 mm のレバーの先端に加えなければならない力はいくらか。ただし，ねじ面の静止摩擦係数は 0.15 とする。

解答 物体を押し上げる場合に，ねじに加える力は

$$F = \frac{W(\mu_s \pi d + p)}{\pi d - \mu_s p}$$

これに，既知の $\mu_s = 0.15$，$d = 60$ mm，$p = 12$ mm，$W = 3\,000$ kgf を上式に代入すると

$$F = 3\,000 \times \frac{0.15 \times 3.14 \times 60 + 12}{3.14 \times 60 - 0.15 \times 12} = 647.3 \text{ kgf}$$

レバーに加える力は，ねじの軸まわりのモーメントの釣合いから

$$\frac{30F}{900} = \frac{30 \times 647.3}{900} = 21.58 \text{ kgf} \qquad \blacklozenge$$

7.5.5 軸　　　受

回転運動や直線運動をする軸を支える機械要素に**軸受**（bearing）がある。軸受には，軸に直角方向の荷重を支える**ラジアル軸受**（radial bearing）や軸方向の荷重を支える**スラスト軸受**（thrust bearing）などがある。

図 7.15 にラジアル軸受を，図 7.16 にジャーナル軸受を示す。軸受の幅 l が半径 R の軸を支えている。

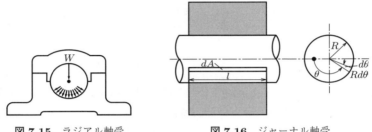

図 7.15　ラジアル軸受　　　図 7.16　ジャーナル軸受

軸受の反力は，軸の下半分の円柱面に一様に働くと仮定して，単位面積当りの反力を p とすると

$$p = \frac{W}{2Rl} \tag{7.21}$$

となる。p は，単位投影面積当りの荷重に等しく，これは，軸受平均圧力といわれている。

接触面を微小な幅 $Rd\theta$ の軸に平行な部分に分割し，その一つを dA とすると

$$dA = Rd\theta \cdot l \tag{7.22}$$

この部分に作用する反力 pdA の荷重方向成分の総和が荷重 W と釣り合うから

$$\int_0^\pi pRl\sin\theta \cdot d\theta = pRl[-\cos\theta]_0^\pi = 2pRl = W \quad \therefore p = \frac{W}{2Rl} \tag{7.23}$$

この反力から，$\mu_k pdA = \mu_k W d\theta/2$ の摩擦力が作用する。軸受の摩擦力 F は，軸受の下半分の微小部分に働く摩擦力の総和であるので

$$F = \int_0^\pi \frac{\mu_k W}{2} \cdot d\theta = \frac{\mu_k W}{2}\Big[\theta\Big]_0^\pi = \frac{\pi \mu_k W}{2} \tag{7.24}$$

また，摩擦力のモーメント N は

$$N = \frac{\pi \mu_k R W}{2} \tag{7.25}$$

上記のような摩擦力が作用するが，実際には摩擦面に作用する摩擦力は一様ではなく，潤滑状態にあるのが普通であるので，理論のようにはならない。そこで

$$F = \mu' W, \quad N = \mu' R W \tag{7.26}$$

と置いて，実験や潤滑理論などから求められる軸受の摩擦係数 μ' を用いるのが得策である。

図 7.17，**図 7.18** に，スラスト軸受を示す。これは，接触面の半径 R の固定平面で軸を支えている。

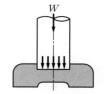
図 7.17 スラスト軸受

図 7.18 固定平面スラスト軸受

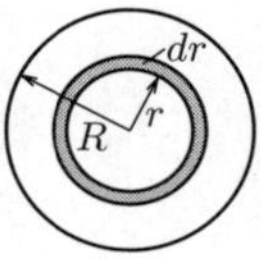

荷重を W として，接触面に作用する力は一様に働くと仮定すると，図 7.18 のように中心から r の距離にある微小幅 dr のリング状の微小部分に作用する垂直力は

$$\frac{W}{\pi R^2} \cdot 2\pi r dr = \frac{2 W r dr}{R^2} \tag{7.27}$$

これによって生じる摩擦のモーメントは

$$dN = \mu_k \frac{2 W r^2 dr}{R^2} \tag{7.28}$$

したがって，接触部分全体に作用する摩擦力のモーメントは

$$N = \int_0^R \frac{\mu_k 2Wr^2}{R^2 dr} = \frac{\mu_k 2W}{R^2}\left[\frac{r^3}{3}\right]_0^R = \frac{2\mu_k WR}{3} \tag{7.29}$$

例題 7.10 直径が 70 mm のラジアル軸受において，回転軸が 3 kN の荷重を受けて 150 rpm で回転している．このときの摩擦によって失われる動力はいくらか．ただし，軸受の摩擦係数を $\mu' = 0.03$ とする．

解答 摩擦力のモーメント N は

$N = \mu' RW = 0.03 \times 0.035 \times 3\,000 = 3.15\,\text{N}\cdot\text{m}$

$\omega = \dfrac{2\pi \times 150}{60} = 5\pi\,\text{rad/s}$

したがって，動力 P は

$P = N\omega = 3.15 \times 5\pi = 49.3\,\text{W}$ ◆

演習問題

【1】雨に濡れた水平な道路上を自動車が走っている．この自動車が半径 50 m のカーブを曲がるとき，横すべりしない最大の速度はいくらか．ただし，道路とタイヤとの間の静止摩擦係数を 0.35 とする．

【2】平均直径が 50 mm，ピッチが 10 mm のねじジャッキを使用して 2.5 t の荷重を押し上げたい．ジャッキの腕の長さを 850 mm，摩擦係数を 0.15 であるとすれば，必要な力はいくらか．

【3】板の上に物体を載せて，ゆっくりと板を傾けていくと，角度 θ を超えたとき物体はすべり出した．このときの物体と板との間の静止摩擦係数 μ はいくらか．

【4】質量が m の物体と床との間の静止摩擦係数が μ である．この物体に，水平方向と 30°上方の方向に力を加えるとき，物体が動き出さないための最大の力はいくらか．

【5】水平な床の上に置かれた物体に，床から垂直抗力として 120 N が作用している．物体と床との接触面での動摩擦係数を 0.4 として，物体が水平方向に 0.3 m 引かれた間に，動摩擦力が物体にした仕事はいくらか．

【6】水平な床の上に置かれた物体に，鉛直下向きに重力として 80 N，物体を床に押

し付ける力として 30 N が同時に作用しているとする．この物体にひもを付けて引っ張り，水平方向に一定の速さですべらせたとき，物体が床との接触面から受ける動摩擦力はいくらか．ただし，物体と床との接触面での動摩擦係数を 0.4 とする．

【7】質量が 10 kg の物体を水平な面上に置いて，その物体にひもを付けて水平に引っ張る．物体と面との間の静止摩擦係数は 0.5，動摩擦係数は 0.4 である．この物体がすべり出す直前に，物体に働く最大静止摩擦力はいくらか．また，物体が一定の速さですべっているときに，物体に働く動摩擦力はいくらか．

【8】板の上に質量が 4 kg の物体を載せて，その板を傾けていったら，水平と 30° の角をなしたときに物体はすべり出した．板を水平にして物体を水平方向に引っ張るとき，何 N の力を加えたら物体は動き出すか．ただし，$\sqrt{3} = 1.73$ とする．

【9】斜面上で，直径が 60 mm の丸棒を一定速度で転がり落とすためには，斜面の角度をいくらにすればよいか．ただし，斜面と丸棒との間の転がり摩擦係数を 2 mm とする．

【10】図 7.19 に示すように，質量 $m = 3.0$ kg，長さ $l = 1.5$ m の細長い棒が垂直な壁にたてかけられている．この棒の床に対する静止摩擦係数を $\mu_A = 0.5$，壁に対する静止摩擦係数を 0.3 とする．棒と水平な床との角 θ がいくらになると棒がすべり出すか．ただし，重力加速度 $g = 9.80$ m/s^2 とする．

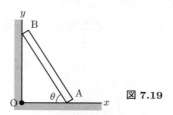

図 7.19

8 運動量と力積

物体どうしが衝突をした場合や短時間に衝撃力を受けたときに，物体がどのような運動をして，物体の質量や衝突時の接触時間，物体の速度にはどのような関係があるのかについて学習する。ここでは，物体どうしが衝突した場合の物体に作用する力や運動について解説する。

8.1 運 動 量

図 **8.1** に示すように，速度 v_0 で運動している質量 m の物体に力 F が時間 t の間だけ作用して，速度が v に増加したとする。この場合の速度の増分 Δv は，$\Delta v = v - v_0$ である。このときの平均加速度 a は，速度の増分 Δv を時間 t で除して

$$a = \frac{v - v_0}{t} \tag{8.1}$$

ニュートンの運動の第 2 法則（運動方程式）から

$$F = ma = \frac{m(v - v_0)}{t} = \frac{mv - mv_0}{t} \tag{8.2}$$

式 (8.2) 中の質量 m と速度 v との積を**運動量**（momentum）という。

運動量とは，運動している物体が外力を受けて，その物体の運動状態が変化し

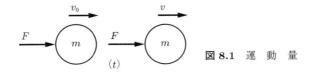

図 **8.1** 運 動 量

た場合に，その変化の大きさを表すベクトル量で，運動の勢いを表す量である。

この運動量の単位は，質量の単位と速度の単位との積であるので，〔kg〕× 〔m/s〕＝〔kg·m/s〕で表される。

8.2 力　　　積

物体に力が作用すると，物体は加速度を生じて物体の速度が変化する。この速度の変化量は，加速度が一定であれば時間に比例する。物体の運動状態の変化の大きさは，力の大きさ F とその力が働く時間 t によって決定される。この「力 F × 時間 t」という量は，**力積**（impulse）と呼ばれるベクトル量で，運動量の変化を表す量である。

この力積の単位は，力の単位と時間の単位の積であるので，〔N〕×〔s〕＝〔N·s〕で表される。

8.3　運動量と力積との関係

物体に一定の力 F が作用すると，その物体の運動方程式は $F = ma$ で表される。この両辺に，力が物体に作用する時間 t をかけると

$$Ft = mat \tag{8.3}$$

が得られる。加速度 a によって時間 t の間に速度が v_0 から v まで変化したとすると

$$a = \frac{v - v_0}{t} \tag{8.4}$$

である。式 (8.3) に式 (8.4) を代入すると

$$Ft = m(v - v_0) \tag{8.5}$$

が得られる。式 (8.3) の左辺は力積を，右辺は運動量の変化量を示すことから，運動量の変化は力積に等しいことがわかる。

力積の大きさや向きは，力の大きさや力の作用する時間がわからなくても，運動量の変化から求めることができる。また，力積が一定（運動量の変化が一定）であれば，働く力の大きさと作用する時間とは反比例の関係になる。すなわち，作用する時間が非常に短時間であれば，働く力は非常に大きくなる。例えば，釘を打つ際に使用するハンマや杭打ち機などがそれである。

例題 8.1 質量 $m = 5\,\text{kg}$ の質点が，速度 $v = 10\,\text{m/s}$ で直線運動をしている。この質量のもつ運動量 p の大きさはいくらか。

解答 運動量は，質量と速度との積で表されるので
$$P = mv = 5\,\text{kg} \times 10\,\text{m/s} = 50\,\text{kg}\cdot\text{m/s}$$
◆

例題 8.2 ある質点に $100\,\text{N}$ の力 F が時間 $t = 0.5\,\text{s}$ 間同じ向きに作用した。この質点が受けた力積の大きさはいくらか。また，この質点の運動量は，どのように変化したか。

解答 力積の大きさは Ft で表され，$100\,\text{N} \times 0.5\,\text{s} = 50\,\text{N}\cdot\text{s}$ となる。この質点の運動量は，力が作用した向きに $50\,\text{N}\cdot\text{s}$ 増加したことになる。これより，「**運動量の変化は，受けた力積に等しい**」ということになる。 ◆

8.4 運動量保存の法則

二つの物体が一直線上で衝突する場合を考える。**図 8.2** に示すように，一直線上を質量 m_A の物体 A が速度 v_A で運動し，その前方を質量 m_B の物体 B が速度 v_B で運動しているとする。速度 v_A が速度 v_B より大きければ，やがて物体 A は物体 B に衝突する。物体どうしが衝突すると，物体 A と物体 B とは短時間ではあるが接触して，この接触している間は，作用・反作用の力を及ぼし合う。物体 A と物体 B との接触中に物体 B が物体 A から受けた平均の力を F

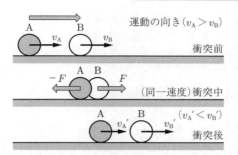

図 8.2 運動量保存の法則（二つの物体の衝突前後の運動量）

とすると，物体 A は物体 B から $-F$ の力を受ける。この接触していた時間を t として，衝突後の物体 A と物体 B の速度をそれぞれ v_A', v_B' とすると

$$\text{A が受けた力積：} -Ft = m_A v_A' - m_A v_A \tag{8.6}$$

$$\text{B が受けた力積：} Ft = m_B v_B' - m_B v_B \tag{8.7}$$

となる。式 (8.6)，式 (8.7) から Ft を消去すると

$$m_A v_A + m_B v_B = m_A v_A' + m_B v_B' \tag{8.8}$$

が得られる。式 (8.8) の左辺は衝突前の物体 A と物体 B の運動量の和であり，右辺は衝突後の物体 A と物体 B の運動量の和である。したがって，式 (8.8) は，衝突前の物体 A と物体 B の運動量の和と，衝突後の物体 A と物体 B の運動量の和が等しいことを意味している。言い換えれば，衝突によって個々の物体の運動量が変化しても，それらの運動量の和は変化しないということである。これを**運動量保存の法則** (law of conservation of momentum) という。

例題 8.3 質量が 10 t の貨車が 20 km/h の速度で走行して，前方に停止している質量が 15 t の貨車に衝突して連結した。連結直後の貨車の速度はいくらか。ただし，停止している貨車はブレーキがかかっていなかったものとする。

解答 二台の貨車が衝突している間，貨車の進行方向には外力が働かないので

運動量の和は保存される。衝突前は 10 t の貨車だけが運動量をもつ。衝突後の速度を v'〔km/h〕とすると，運動量保存の法則から

$$10\,\mathrm{t} \times 20\,\mathrm{km/h} = (10 + 15)\,\mathrm{t} \times v'\,\mathrm{[km/h]}$$

これより，v'〔km/h〕$= \dfrac{200}{25} = 8\,\mathrm{km/h}$ ◆

運動量保存の法則が成立するための条件は，式 (8.8) の導出過程からもわかるように，式 (8.6)，式 (8.7) 中に，F に関連する以外の力積があると式 (8.8) は成立しない。すなわち，「**運動量保存の法則が成立するのは，物体 A と物体 B の運動量を変化させる力積が，物体 A と物体 B との間に働く作用・反作用の力だけの場合**」である。この物体 A と物体 B との間に働く力を物体系 A，B の「内力」といい，物体系 A，B の外から働く力を「外力」という。外力による力積が無視できない場合には，運動量保存の法則は成立しない。

例えば，ローラースケートを履いて，大きな石をもって立っている人が，この石を前方に勢いよく放り出すと，その人は反動で後方に走り出すことになる。この場合には，人と石とは作用・反作用の力を及ぼし合う。人が石に対して及ぼした力を F とすると，逆に石が人に及ぼした力は $-F$ である。ここで，人の質量を M，石の質量を m，人が走り出す速度を V，石に与えられた速度を v とすると

$$\text{石の受ける力積}: Ft = mv \tag{8.9}$$

$$\text{人の受ける力積}: -Ft = MV \tag{8.10}$$

に示すような力積と運動量との関係になる。

式 (8.9)，式 (8.10) から力積 Ft を消去してまとめると

$$mv + MV = 0 \tag{8.11}$$

となる。式 (8.11) は，石と人とが離れた後の運動量の和が，離れる前の運動量の和に等しいことを示している。このことから，この場合も運動量保存の法則が成立していることがわかる。

8.4 運動量保存の法則

例題 8.4 水平に $29.4\,\mathrm{m/s}$ の速さで飛んできた質量 $120\,\mathrm{g}$ のボールをバットで打ったところ，真上に飛んで $44.1\,\mathrm{m}$ の高さまで達した．このときのバットがボールに与えた力積はいくらか．また，バットとボールの接触時間を $1/50$ 秒間とすると，ボールが受けた平均の力はいくらか．

解答 バットで打たれた直後のボールの速さを $v\,[\mathrm{m/s}]$ とすると

$$0^2 - v^2 = -2 \times 9.8 \times 44.1 \quad \therefore v = 29.4\,\mathrm{m/s}$$

バットで打たれる前後のボールの運動量は，両方ともに大きさが

$$mv_0 = mv = 0.12 \times 29.4 = 3.53\,\mathrm{kg \cdot m/s}$$

である．また，バットで打たれる前後で，ボールの運動量の向きが異なるので

x 方向の運動量変化：$F_x \Delta t = m(v_x - v_{0x})$
$$= 0.12\{0 - (-29.4)\} = 3.53$$

y 方向の運動量変化：$F_y \Delta t = m(v_y - v_{0y})$
$$= 0.12(29.4 - 0) = 3.53$$

これより，力積の大きさは

$$\sqrt{3.53^2 + 3.53^2} = 4.98\,\mathrm{kg \cdot m/s}$$

また，作用した平均の力は，$F = \dfrac{F \cdot \Delta t}{\Delta t} = \dfrac{4.98}{1/50} = 249\,\mathrm{N}$ ◆

例題 8.5 質量が $3\,\mathrm{kg}$ の物体 A が，水平方向に $5\,\mathrm{m/s}$ の速度で飛んでいる．これに，鉛直上向きに $3\,\mathrm{m/s}$ の速度で飛んできた質量が $1\,\mathrm{kg}$ の物体 B が衝突し，その後一体となって運動した．衝突後の速度はいくらか．

解答 二つの物体には重力が働いているが，衝突時間が非常に短いために，重力による力積は無視してもよい．したがって，運動量保存の法則が成り立つ．

水平方向と鉛直方向について，運動量保存の法則を適用する．衝突後の物体の速度の水平方向成分を v_x，鉛直方向成分を v_y とすると

水平方向成分：$3\,\mathrm{kg} \times 5\,\mathrm{m/s} = (3+1)\,\mathrm{kg} \times v_x$　∴ $v_x = 3.75\,\mathrm{m/s}$

鉛直方向成分：$1\,\mathrm{kg} \times 3\,\mathrm{m/s} = (3+1)\,\mathrm{kg} \times v_y$　∴ $v_y = 0.75\,\mathrm{m/s}$

よって，速さ $v = \sqrt{v_x{}^2 + v_y{}^2} = \sqrt{3.75^2 + 0.75^2} \fallingdotseq 3.8\,\mathrm{m/s}$。

また，速度が水平方向となす角を θ とすると

$$\tan\theta = \frac{v_y}{v_x} = \frac{0.75}{3.75} = 0.2 = \tan^{-1}(0.2) \quad \therefore \theta = 11.3°$$

◆

8.5　角運動量と力積のモーメント

慣性モーメントが I の回転体に，一定トルク T がある時間 t だけ働いて，角速度が ω_0 から ω まで変化したとすると，そのときの平均角加速度 α は

$$\alpha = \frac{\omega - \omega_0}{t}$$

これを，回転運動の方程式 ($T = I\alpha$) に代入すると

$$T = I\alpha = \frac{I(\omega - \omega_0)}{t} \tag{8.12}$$

式 (8.12) において，慣性モーメント I と角速度 ω との積で表される $I\omega$ を**角運動量** (angular momentum) と定義する。この角運動量も大きさ，方向，向きをもつのでベクトル量であり，単位は $[\mathrm{kg \cdot m^2/s}]$ である。この式は，物体の単位時間当りの角運動量の変化がその物体に働くトルクに等しいことを表している。言い換えれば，物体にトルクが働かなければ，角運動量は変化しないといえる。このことから，式 (8.12) は

$$Tt = I\omega - I\omega_0 \tag{8.13}$$

r を回転体の半径とすると，式 (8.13) の左辺は，$Tt = Frt = (Ft)r$ と書き換えられる。これは，物体に作用する力積と回転体の半径との積であり，これを**力積のモーメント** (momentum of impulse) という。したがって，式 (8.13) は

$$(Ft)r = I\omega - I\omega_0 \tag{8.14}$$

と書き換えられる。なお，力積のモーメントの単位は $[\mathrm{kg \cdot m^2/s}]$ である。

式 (8.14) から，角運動量の変化量は，力積のモーメントに等しいことがわかる。また，トルク T が，時間 t_1 から t_2 まで時間的に変化する場合には

$$\int_{t_1}^{t_2} T(t)dt = I\omega - I\omega_0 \tag{8.15}$$

と表すことができる。

8.6 角運動量保存の法則

先述したように，二つの物体が衝突する場合に，衝突の前後で二つの物体の運動量の和は常に一定である（保存される）ことを運動量保存の法則というが，二つの回転体が衝突する前後の角運動量についても同様に考えられる。すなわち

$$I_1\omega_1 + I_2\omega_2 = I_1\omega_1' + I_2\omega_2' \tag{8.16}$$

が成立する。ここで，I_1，I_2 は，各回転体の重心まわりの慣性モーメント，ω_1，ω_2 は，接触前の各回転体の角速度，ω_1'，ω_2' は，接触後の各回転体の角速度である。

8.7 物体の衝突

ここでは，物体どうしが衝突する場合について考える。二つの物体が衝突すると，一般的には，衝突後には衝突前の速度とは違う速度で，異なる方向に進む。

図 8.3 に示すように，二つの物体（質量が m_A の物体 A と質量が m_B の物体 B）がそれぞれ速度 $\boldsymbol{v}_\mathrm{A}$，$\boldsymbol{v}_\mathrm{B}$ で同一方向に進んで衝突し，その後，それぞれの速度が $\boldsymbol{v}_\mathrm{A}'$ と $\boldsymbol{v}_\mathrm{B}'$ になったとする。また，物体 A と物体 B とが衝突して接触している間に，A が B に及ぼした力を F とし，逆に B が A に及ぼした力を $-F$ とする。さらに，速度と力について，x 方向成分と y 方向成分とに分解す

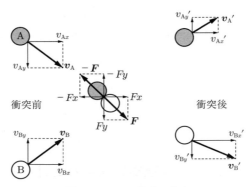

図 8.3 二つの物体の衝突

る（例えば，v_A の x 方向成分は v_{Ax} と表す）。

　x 方向の運動量は，速度と力の x 方向成分について，二つの物体の接触時間を t として力積と運動量との関係を考えると

$$A の x 方向の運動量変化：-F_x t = m_A v_{Ax}' - m_A v_{Ax} \tag{8.17}$$

$$B の x 方向の運動量変化：F_x t = m_B v_{Bx}' - m_B v_{Bx} \tag{8.18}$$

式 (8.17)，式 (8.18) より，$F_x t$ を消去すると

$$m_A v_{Ax} + m_B v_{Bx} = m_A v_{Ax}' + m_B v_{Bx}' \tag{8.19}$$

となり，これより x 方向における運動量の x 方向成分の和が保存されることがわかる。

　同様に，y 方向の運動量について考えると

$$A の y 方向の運動量変化：-F_y t = m_A v_{Ay}' - m_A v_{Ay} \tag{8.20}$$

$$B の y 方向の運動量変化：F_y t = m_B v_{By}' - m_B v_{By} \tag{8.21}$$

式 (8.20)，式 (8.21) より，$F_y t$ を消去すると

$$m_A v_{Ay} + m_B v_{By} = m_A v_{Ay}' + m_B v_{By}' \tag{8.22}$$

　また，これらについて運動量ベクトルを用いて考えると，式 (8.21) の左辺と右辺は衝突前後の運動量の和の x 方向成分を，式 (8.22) の左辺と右辺は衝突前

後の運動量の和の y 方向成分を示している。これらをまとめて，運動量の和の関係を求めると

$$m_A \boldsymbol{v}_A + m_B \boldsymbol{v}_B = m_A \boldsymbol{v}_A{}' + m_B \boldsymbol{v}_B{}' \tag{8.23}$$

例題 8.6 ボウリングのボールの質量をピンの質量の約 5 倍とし，5.0 m/s の速さのボールが一本のピンの正面にぶつかって，そのピンを 7.5 m/s の速さではじき飛ばしたとすると，その後のボールの速さはいくらか。

解答 $5mv + m \times 7.5 = 5m \times 5.0 + 0$ に既知の値を代入すると

$$\therefore\ v = 3.5\,\mathrm{m/s} \qquad \blacklozenge$$

8.7.1 はね返り係数（反発係数）

物体を床の上に落下させると，物体は床に垂直に衝突し，垂直にはね返る。この場合の衝突直前の物体の速度を v_0，衝突直後の物体の速度を v とすると，通常 v は v_0 より小さい値を示す。このときの v と v_0 との比を**はね返り係数**，または**反発係数** (coefficient of restitution) といい，e で表される。はね返り係数は，速度 v_0 と v の向きが反対であることから，e を + の値で表すために − を付けて

$$e = -\frac{v}{v_0},\ \text{または}\ \left|\frac{v}{v_0}\right| \tag{8.24}$$

と表す。このはね返り係数は床だけではなく，垂直な動かない壁に垂直にはね返る場合も同様に表すことができる。

このはね返り係数 e は，0〜1 までの値をとり，以下の三つに分類される。

(1) 完全弾性衝突（弾性衝突）：$e = 1$ のとき。この場合には v と v_0 は同じ大きさになる（エネルギーが保存される）。
(2) 非弾性衝突：$0 < e < 1$ のとき。v は v_0 より小さい。
(3) 完全非弾性衝突：$e = 0$ のとき。この場合には $v = 0$ ではね返らない。

例題 8.7 ボールをある高さから水平な床の上に落下させたら，床上で何回もはね返った。一回目にはね返った高さは 800 mm，二回目のはね返り高さは 400 mm であった。

(1) ボールと床との間のはね返り係数はいくらか。
(2) 最初，ボールは床の上のどのくらいの高さから落とされたか。

解答 (1) 落とした高さ h とはね上がった高さ h' とは，$h' = e^2 h$ の関係にある。これより

$$400 = e^2 \times 800, \quad e^2 = \frac{1}{2} \quad \therefore e = 0.71$$

(2) $800 = 1/2\,h$ より，$h = 1\,600$ mm ◆

例題 8.8 野球のボールを 4.0 m の高さから大理石の板上に何回か落としたとき，1.3 から 1.6 m までの範囲にはね上がった。この場合のはね返り係数の範囲はどのくらいか。

解答 1.3 m のときのはね返り係数は，$e^2 = 1.3/4.0$ より，$e = 0.325$。1.6 m のときのはね返り係数は，$e^2 = 1.6/4.0$ より，$e = 0.40$。よって範囲は $0.325 < e < 0.40$。 ◆

8.7.2 斜 め 衝 突

次に，斜め衝突について考える。例えば，物体がなめらかな床や壁に斜めに衝突する場合，床や壁が物体に与える力積は，垂直抗力によるものだけであるから，物体の速度の床や壁に平行な成分は変化しないで，床や壁に垂直な成分だけが変化する。

図 8.4 に示すように，物体が速度 v_0 で床に衝突して速度 v ではね返る。このときに摩擦がないとすると，速度 v_0 の床に平行な成分 v_{0x} と速度 v の床に平行な成分 v_x とは等しい。速度 v_0 の床に垂直な成分 v_{0y} と，速度 v と床に垂直な成分 v_y との間には，次の関係が成り立つ。

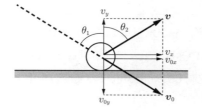

図 8.4 斜め衝突

$$e = -\frac{v_y}{v_{0y}} \tag{8.25}$$

この場合，完全弾性衝突のときは $e = 1$ であるから，$v_y = -v_{0y}$ となり，v_0 と v の大きさも等しい．また，入射角 θ_1 と反射角 θ_2 は等しい．

非弾性衝突のときは $0 < e < 1$ であるから，v_y は v_{0y} より小さくなる．そのため，v は v_0 より小さくなり，反射角 θ_2 は入射角 θ_1 より大きくなる．

例題 8.9 水平でなめらかな面上に静止している球 A に，質量の等しい球 B を速さ $3.0\,\mathrm{m/s}$ で衝突させたところ，A は B の衝突前の速度の向きから左に $60°$ 斜め方向に $1.5\,\mathrm{m/s}$ の速さで進むようになった．B はどの方向に，どれだけの速さで進むようになったか．

解答 球 B の運動方向を x 軸とし，それと垂直に y 軸をとる．x 軸方向の運動量保存の法則の式は

$$m \times 1.5\cos 60° + mv_{Bx}' = m \times 3.0 \quad \therefore v_{Bx}' = \frac{9}{4}\,\mathrm{m/s}$$

y 軸方向の運動量保存の法則の式は

$$m \times 1.5\sin 60° = mv_{By}' \quad \therefore v_{By}' = \frac{3\sqrt{3}}{4}\,\mathrm{m/s}$$

B の衝突後の速度は

$$v_B' = \sqrt{v_{Bx}'^2 + v_{By}'^2} = \sqrt{\frac{81}{16} + \frac{27}{16}} = 2.6\,\mathrm{m/s}$$

B の衝突後の運動方向を x 軸から角 θ の方向とすると

$$\tan\theta = \frac{v_{By}'}{v_{Bx}'} = \frac{\sqrt{3}}{3} \quad \therefore \theta = 30°$$

◆

例題 8.10 質量 $6.8\,\mathrm{kg}$ の物体 A が水平に $6.5\,\mathrm{m/s}$ の速度で飛んでいる。これに，鉛直上方に $5.4\,\mathrm{m/s}$ の速度で飛んでいる質量 $4.2\,\mathrm{kg}$ の物体 B を衝突させると，一緒になって運動した。衝突直後の速度の水平方向成分と鉛直方向成分はいくらか。

解答 水平方向成分の運動量保存の法則は $m_\mathrm{A}v_{\mathrm{A}x} + m_\mathrm{B}v_{\mathrm{B}x} = (m_\mathrm{A} + m_\mathrm{B})v_x{'}$ であるから

$$6.8 \times 6.5 = (6.8 + 4.2)v_x{'} \quad \therefore v_x{'} = 4.0\,\mathrm{m/s}$$

鉛直方向成分の運動量保存の法則は $m_\mathrm{A}v_{\mathrm{A}y} + m_\mathrm{B}v_{\mathrm{B}y} = (m_\mathrm{A} + m_\mathrm{B})v_y{'}$ であるから

$$4.2 \times 5.4 = (6.8 + 4.2)v_y{'} \quad \therefore v_y{'} = 2.1\,\mathrm{m/s} \qquad \blacklozenge$$

8.7.3 動いている物体どうしの衝突

図 8.5 に示すように，動いている物体どうしが衝突するときは，その相対速度の比の大きさがはね返り係数に等しくなる。直線上を速度 v_A で進んでいる物体 A が，前方を速度 v_B で進んでいる物体 B に衝突して，衝突後の各物体の速度が $v_\mathrm{A}{'}$, $v_\mathrm{B}{'}$ になったとすると，それらの間には

$$e = -\frac{(v_\mathrm{A}{'} - v_\mathrm{B}{'})}{v_\mathrm{A} - v_\mathrm{B}} \tag{8.26}$$

の関係が成立する。

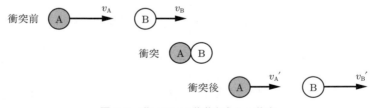

図 8.5 動いている物体どうしの衝突

例題 8.11 図 8.6 に示すように，水平でなめらかな面の上で，質量が m_A

の球 A を速度 v_A ですべらせて，同じ面の上に静止している質量が m_B の球 B に正面衝突させた．このときの二つの球のはね返り係数を e とする．球 B の質量が一定のとき，球 A の質量 m_A と球 B の弾かれる速度 v_B との関係を，縦軸を v_B としてグラフで示せ．

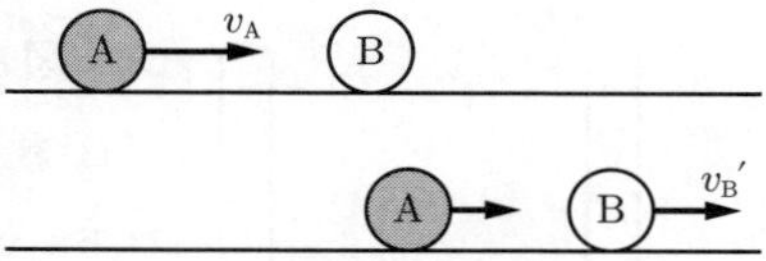

図 8.6

また，球 A の質量 m_A を増加すると球 B の速度 v_B はどのような値に漸近するか．ただし，水平面と球との間の摩擦は無視する．

解答 衝突後の球 A の速度を v' とすると，運動量保存の法則より

$$m_A v_A = m_A v' + m_B v_B$$

はね返り係数は

$$e = -\frac{(v' - v_B)}{v_A - 0}$$

この二式より

$$v_B = \frac{m_A v_A (1+e)}{m_A + m_B} = \frac{v_A (1+e)}{1 + (m_B/m_A)}$$

これより，$m_A \to \infty$ のときに，$v_B \to v_A(1+e)$ に漸近する．球 A の質量 m_A と球 B の弾かれる速度 v_B との関係を図 8.7 に示す．　◆

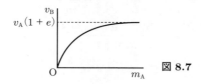

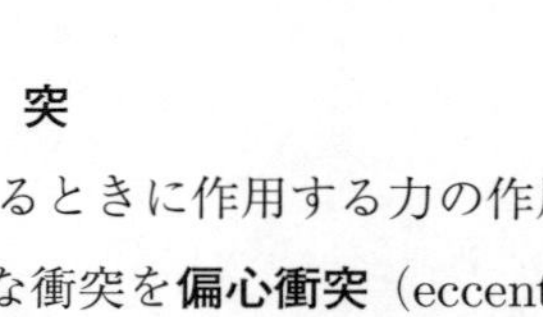

図 8.7

8.7.4 偏心衝突

二つの物体が衝突するときに作用する力の作用線が，二つの物体の重心を通らないとき，このような衝突を**偏心衝突** (eccentric impact) という．この場合は，作用する力の作用線が二つの物体の重心を通らないから，これまでの衝突とは異なり，並進運動に加えて回転運動も同時に伴う衝突である．この偏心衝

突では，並進運動における運動量保存の法則と，回転運動における角運動量保存の法則とを考慮することになる。

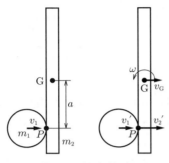

図 8.8 偏心衝突

図 8.8 に示すように，速度 v_1 で運動している質量 m_1 の球が，質量 m_2 で，重心まわりの慣性モーメントが $I_G (= m_2 k_G{}^2)$ の棒に，棒の重心 G から距離 a の点 P で垂直に衝突したとする。

衝突したときの棒に働いた力積を S，衝突後の球の速度を $v_1{}'$，棒の重心の速度を v_G，重心のまわりの角速度を ω とすると，球に対する運動量の変化は

$$-S = m_1 v_1{}' - m_1 v_1 \tag{8.27}$$

棒に対しては，重心の並進運動の運動量と重心まわりの角運動量の変化から

$$S = m_2 v_G \text{ より}, \quad v_G = \frac{S}{m_2} \tag{8.28}$$

$$Sa = I_G \omega \text{ より}, \quad \omega = \frac{Sa}{I_G} \tag{8.29}$$

棒の点 P の速度 $v_2{}'$ は，$I_G = m_2 k_G{}^2$ より

$$\begin{aligned}
v_2{}' &= v_G + a\omega = \frac{S}{m_2} + \frac{Sa^2}{I_G} = \frac{S(I_G + m_2 a^2)}{m_2 I_G} \\
&= \frac{S(k_G{}^2 + a^2)}{m_2 k_G{}^2} = \frac{S(1 + a^2/k_G{}^2)}{m_2}
\end{aligned} \tag{8.30}$$

ここで

$$\frac{m_2}{1 + a^2/k_G{}^2} = m_{\text{red}} \tag{8.31}$$

と置けば，式 (8.30) より

$$S = m_{\text{red}} v_2{}' \tag{8.32}$$

式 (8.27) と式 (8.32) より

$$m_{\text{red}} v_2{}' = m_1 v_1 - m_1 v_1{}' \quad \therefore m_1 v_1 = m_1 v_1{}' + m_{\text{red}} v_2{}' \tag{8.33}$$

式 (8.33) は, 質量が m_red の球に衝突した場合の運動量保存の式と同様である. このときの m_red を**換算質量**（reduced mass）という.

ここで, はね返り係数を e とすると, 棒の速度 $v_2 = 0$ であるので

$$v_2' - v_1' = ev_1 \tag{8.34}$$

式 (8.33) と式 (8.34) より

$$\begin{cases} v_1' = \dfrac{(m_1 - em_\text{red})v_1}{m_1 + m_\text{red}} \\ v_2' = \dfrac{m_1(1+e)v_1}{m_1 + m_\text{red}} \end{cases} \tag{8.35}$$

8.7.5 打撃の中心

図 **8.9** に示すように, 棒の重心 G から a の距離にある点 P に球が偏心衝突した場合, この棒は回転を伴う運動をする. PG の延長上に点 O をとり, $\text{GO} = b$ とし, 点 P に力積 S を加えたときの点 O の速度 v_0 を考える.

重心の速度を v_G, 重心まわりの回転運動の角速度を ω とすると

$$v_0 = v_\text{G} - b\omega \tag{8.36}$$

ここで, $v_0 = 0$ と考えると

$$v_\text{G} - b\omega = 0 \quad \therefore b = \frac{v_\text{G}}{\omega} \tag{8.37}$$

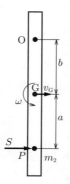

図 **8.9** 打撃の中心

棒の質量を m_2，重心まわりの慣性モーメントを I_G $(=m_2 k_G{}^2)$ とすると，棒に関する力積の式 (8.28)，式 (8.29) より

$$v_G = \frac{S}{m_2}, \quad \omega = \frac{Sa}{I_G} \tag{8.38}$$

したがって

$$b = \frac{S/m_2}{Sa/I_G} = \frac{I_G}{m_2 a} = \frac{k_G{}^2}{a} \tag{8.39}$$

これより

$$ab = k_G{}^2 \tag{8.40}$$

式 (8.40) が成立するように a と b を決定すれば，点 O における速度は 0 になる。このとき，点 O は瞬間的に速度をもたない回転中心になっている。点 O を支えると反力を受けないので，この場合の点 P を点 O に対する**打撃の中心** (center of percussion) という。

演習問題

【1】 質量 8.0 g の弾丸が 750 m/s の速さで飛んできて砂袋に命中し，1/2 000 秒間で停止した。
(1) 弾丸に働いた力を一定とすると，その大きさはいくらか。
(2) 弾丸が砂袋に命中してから停止するまでに達した深さはいくらか。

【2】 質量 10.0 g の弾丸を 250 m/s の速さで地面に撃ち込んだところ，120 mm 入って止まった。ただし，土は変形することなく，一定の抵抗力を示すものとする。
(1) 弾丸の地中における加速度はいくらか。
(2) 土の抵抗力はいくらか。

【3】 水平に飛んできた質量が 0.15 kg，速さが 32 m/s のボールをバットで打ち，水平面と仰角が 60° をなす方向に速さ 32 m/s で打ち返した。バットがボールに与えた力積はいくらか。

【4】 摩擦のある平らな氷面の上に静止している体重が 60 kg の人物が，水平方向と 45° の角度をなす上方に 1 kg の物体を 15 m/s の速さで投げた。この人物はどのくらいの距離を後退して停止するか。ただし，人物と氷との動摩擦係数は 0.02，重力加速度の大きさは $g = 9.8$ m/s^2 とする。

【5】 静止している質量 0.6 kg の球 B に，質量 0.2 kg の球 A が速さ 2 m/s で衝突し，球 B は球 A のはじめの速度の向きに 0.8 m/s の速さではね飛ばされた。球 A はどのような向きに，どのような速度で進むか。

【6】 質量が 50 g と 100 g の球 A，B がある。50 g の球 A が静止しているところに，100 g の球 B が 2 m/s の速度で正面衝突した。このときの衝突後における両球の速度はいくらか。ただし，両球は完全弾性衝突 ($e = 1$) するものとする。

【7】 右方向に 2.0 km/h の速さで進行する質量が 4.0 t の貨車 B に，質量が 6.0 t の貨車 A が右向きに 4.0 km/h の速さで追突した。
(1) 追突後に，連結した状態で進行するときの貨車の速度はいくらか。
(2) はね返り係数が 0.50 のときの貨車の速度はいくらか。

【8】 質量が 0.60 kg のボール A が 10.0 m/s の速さで飛んでいる。これと同一直線上を逆向きに飛ぶ質量が 0.20 kg のボール B が 6.0 m/s の速さで正面衝突した。この衝突を完全弾性衝突 ($e = 1$) とすれば，衝突後のそれぞれのボールの速さはいくらか。

【9】 なめらかな水平面上に球 B が静止している。これに質量も大きさも同じ球 A を衝突させたところ，球 A は衝突前の運動方向から右へ 60°，球 B は球 A の運動方向から左へ 30° の角をなす方向に進んだ。衝突直前の球 A の速さを v として，衝突直後の球 A，B の速さはいくらか。また，この両球は完全弾性球と考えてよいか。ただし，両球とも表面はなめらかであるため，水平面と球との間の摩擦は無視する。

【10】 質量が 150 g のボールを投手が水平に投げて，そのボールをバッターがバットで打ち，水平と 45° をなす方向に力積を与えた。その結果，ボールは鉛直方向に上がり，キャッチャーフライになってしまった。打つ寸前のボールの速さを 36 m/s であるとすると，力積の大きさはいくらか。また，ボールはバットに当たってから，どのくらい鉛直方向に上がったか。ただし，重力加速度の大きさは $g = 9.8 \text{ m/s}^2$ とする。

9 仕事，動力，エネルギー

物体に力が作用して，物体が動いた（変位が生じた）ときを，その力は物体に仕事をしたという。この仕事をする能力のことをエネルギーという。このエネルギーには，位置エネルギーと運動エネルギー（これらを合わせて力学的エネルギーと呼ぶ），熱エネルギーや電気エネルギー，化学エネルギーなどがある。ここでは，仕事と動力，力学的エネルギーについて解説する。

9.1 仕 事

9.1.1 仕事と単位

物体に力が作用すると，その物体は力と同じ方向に**加速度**（accelaration）を生じて運動する。この物体に作用する力と物体の動いた**距離**（displacement, 変位ともいう）との積を**仕事**（work）という。

図 9.1 に示すように，物体に力 F〔N〕が働いて，その力と同じ方向に物体が s〔m〕の距離だけ動いたとすると，力 F が物体にした仕事 W は

$$W = Fs \tag{9.1}$$

となる。

図 9.1　仕事（力と変位の方向が同じ場合）

また，図 9.2 に示すように，作用する力 F と変位 s の方向とが異なる場合には，力の方向の変位が $s\cos\theta$ となるので，このときの仕事は

$$W = Fs\cos\theta \tag{9.2}$$

となる。この場合には，変位方向の力が $F\cos\theta$ で変位が s であると考えてもよい。

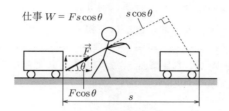

図 9.2 仕事（力と変位の方向が異なる場合）

図 9.3 に示すように，物体が直線ではない経路を点 P から点 Q まで運動し，変位の方向が連続的に変化する場合，点 Q における力 F の方向と経路の接線とのなす角を θ とすると，点 P から経路に沿って微小変位 ds だけ移動するときの仕事 dW は

$$dW = Fds\cos\theta \tag{9.3}$$

となる。この物体が，点 P から点 Q まで移動する間に力 F が物体にする仕事は，この場合の微小仕事の積分で表され

$$W = \int_P^Q F\cos\theta\,ds \tag{9.4}$$

となる。

仕事の単位は通常ジュール〔J〕を使用する。物体に 1 N の力を作用させて，

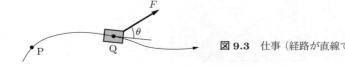

図 9.3 仕事（経路が直線でない場合）

その力の方向に 1m の変位を生じさせるときの仕事を 1J と定義する．すなわち，$1\,\mathrm{J} = 1\,\mathrm{N} \times 1\,\mathrm{m}$ である．

例題 9.1 床がなめらかである場合

(1) ある物体を 6N の力で 5m 動かした．このときにした仕事は何 J か．

(2) 水平から 60° の方向に 6N の力を加えて，同じ物体を水平に 4m 動かした．このときにした仕事は何 J か．

ただし，水平面と物体との間の摩擦は無視する．

解答 (1) 仕事 W は，物体に加えた力の大きさ F と，力の方向に物体が移動した距離 s との積で表される．

$$W = Fs = 6 \times 5 = 30\,\mathrm{J}$$

(2) 物体に加えた力の向きと異なる方向に動く場合の仕事は，F の移動方向の成分 $F\cos\theta$ と物体が移動した距離との積で表される．

$$W = Fs\cos\theta = 6 \times 4 \times \cos 60° = 12\,\mathrm{J} \qquad \blacklozenge$$

9.1.2 重力がする仕事

地球上にある物体には重力が働いている．ここでは，重力がする仕事について考える．**図 9.4** に示すように，質量 m の物体には重力 mg（単位は [N]，$g = $ 重力加速度）が下方に作用し，物体が高さ h だけ自由落下する場合には，重力と運動の方向が一致するので，重力が物体にする仕事は

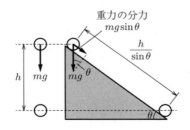

図 9.4 重力がする仕事

$$W = mgh \tag{9.5}$$

これに対して逆向きに物体に力が作用し，重力に逆らって鉛直上方に高さ h だけ上昇させるときの重力のする仕事は，重力の向きと運動の向きとが逆向きであることから

$$W = -mgh \tag{9.6}$$

となる。

図 9.4 に示すように，水平となす角が θ のなめらかな斜面を，質量が m の物体が距離 $h/\sin\theta$ だけ移動するときに重力がする仕事は

$$W = mg\frac{h}{\sin\theta} \cdot \sin\theta \tag{9.7}$$

ここで，$(h/\sin\theta) \cdot \sin\theta$ は，斜面上の移動距離の鉛直距離 h に等しい。これを式 (9.7) に代入すると

$$W = mgh$$

これより，重力のする仕事の量は，斜面の傾角 θ に無関係であり，鉛直方向の距離に関係していることがわかる。すなわち，重力による仕事は，その経路には無関係で，はじめと終わりの位置によって決定される。このように，力のする仕事が途中の経路に無関係であり，はじめと終わりの位置だけによって決定される力を**保存力**（conservative force）という。

9.1.3 摩擦がする仕事

図 9.5 に示すように，摩擦のある面上で，物体を面に沿って距離 s [m] だけ動かすと，摩擦力 f [N] が働く向きは常に物体が移動する向きと正反対（$\theta =$

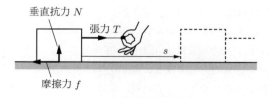

図 9.5 摩擦がする仕事

180°）である。したがって摩擦力のする仕事 W は

$$W = fs\cos 180° = -fs \tag{9.8}$$

で求まり，負の仕事となる。

例題 9.2 水平との角度が $\theta = 30°$ のなめらかなすべり台の上から，質量が 40 kg の物体が 10 m すべり下りるとき
(1) 重力がする仕事は何 J か。
(2) 摩擦力がする仕事は何 J か。
ただし，重力加速度を $9.8\,\mathrm{m/s^2}$，物体とすべり台の間の動摩擦係数を 0.20 とする。

解答 (1) 重力は，斜面方向の分力 $mg\sin 30°$ だけ仕事をする。重力加速度を $9.8\,\mathrm{m/s^2}$ とすると

$$mg\sin 30° = 40 \times 9.8 \times \frac{1}{2} = 196\,\mathrm{N}$$
$$W = 196 \times 10 = 1.96 \times 10^3 \fallingdotseq 2.0 \times 10^3\,\mathrm{J}$$

(2) 動摩擦力の大きさは，$\mu mg\cos 30°$ であるから，動摩擦力のした仕事は

$$-0.20 \times 40 \times 9.8 \times \cos 30° \fallingdotseq -68.2 \times 10 \fallingdotseq -6.8 \times 10^2\,\mathrm{J} \qquad \blacklozenge$$

例題 9.3 質量 10 kg の物体を，水平と 30° の角度をなす非常になめらかな斜面上から，2.0 m/s の速さで 5 秒間引き上げたとき，次の問に答えよ。ただし，重力加速度は $9.8\,\mathrm{m/s^2}$ とし，面と物体との間の摩擦は無視する。
(1) 5 秒間で，物体が動いた鉛直方向の距離は何 m か。
(2) 5 秒間に物体にした仕事は何 J か。

解答 (1) 鉛直方向の速度は $v\sin\theta\,\mathrm{m/s}$ であるので，物体が動いた鉛直方向の距離 h は，$h = vt\sin\theta = 2.0 \times 5 \times \sin 30° = 5.0\,\mathrm{m}$。

(2) 質量 10 kg の物体を高さ h だけ持ち上げたと考えれば，$W = mgh$。ここで，$h = vt\sin\theta$ であるので

$$W = mgvt\sin\theta = 10\,\text{kg} \times 9.8\,\text{m/s}^2 \times 5.0\,\text{m} = 9.8 \times 50\,\text{J} = 490\,\text{J} \quad \blacklozenge$$

9.1.4 ばねがする仕事

ばねを引き伸ばすと，それに要した仕事は位置エネルギーとして蓄えられる。ばね定数が k〔N/m〕のばねを x〔m〕だけ引き伸ばしたとき，ばねを引く力 F〔N〕は，フックの法則より $F = kx$ であるから，伸び x に比例する。**図 9.6** に力 F と変位（伸び）x との関係を示す。これより，ばねを x〔m〕だけ伸ばす仕事は，三角形 OAB の面積で表される。このときの仕事 W は

$$W = \int F\,dx = \int kx\,dx = k\left[\frac{x^2}{2}\right] = \frac{1}{2} \cdot kx^2 \tag{9.9}$$

この位置エネルギーは，ばねの復元力がもつエネルギーであり，**弾性エネルギー**（elastic energy）という。

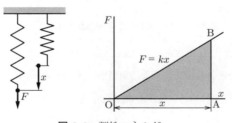

図 9.6 弾性エネルギー

9.2 動　　　力

単位時間（1秒間）当りに行われる仕事を量として表したものを**動力**（power）あるいは**仕事率**という。t 秒間に W〔J〕の仕事をするときの仕事率 P は

$$P = \frac{W}{t} \tag{9.10}$$

仕事率の単位は通常ワット〔W〕を使用する。1秒間に1Jの仕事をするときの仕事率を 1W と定義する。すなわち，1 J / s = 1 W である。微小時間 dt

の間に dW の仕事を行ったとすると，そのときの動力は

$$P = \frac{dW}{dt} = \frac{Fds}{dt} = Fv \tag{9.11}$$

で表すことができる。動力の単位は，〔N・m/s〕または〔J/s〕であるが，1 J/s を通常 1 W と呼び，1 000 W は 1 kW（キロワット）である。仕事率は，同じ仕事をする場合であっても，短時間に行えば能率がよいように，その能率の良し悪しを表す。

例題 9.4 質量が 2 000 kg の自動車が，傾きが 15° の坂道を 25 km/h の速さで登るために必要な動力はいくらか。

解答 自動車が 1 秒間に鉛直方向に登る速さ v は

$$v = 25 \,\text{km/h} \times \sin 15° = \frac{25\,000}{3\,600}\,\text{m/s} \times \sin 15° = 1.797\,4\,\text{m/s}$$

よって動力 P は

$$P = mgv = 2\,000 \times 9.8 \times 1.797\,4 = 3\,528.15\,\text{W} \qquad \blacklozenge$$

例題 9.5 質量が 200 t の列車を 240 PS（馬力）の機関車で牽引するとき，この列車の最高速度はいくらか。ただし，列車に作用する抵抗は，質量 1 t について 80 N とする。

解答 走行抵抗 F は，$F = 200\,\text{t} \times 80\,\text{N/t} = 16\,000\,\text{N}$。機関車の馬力は $240\,\text{PS} = 240 \times 0.735\,5\,\text{kW}$ であるから

$$P = F \cdot v = 16\,000\,\text{N} \times v$$

これより

$$v = \frac{240 \times 0.735\,5 \times 1\,000}{16\,000} = 11.03\,\text{m/s}$$

〔m/s〕を〔km/h〕に変換すると

$$v = \frac{11.03 \times 60 \times 60}{1\,000} = 39.7\,\text{km/h} \qquad \blacklozenge$$

なお，回転運動をしている物体に外力 F を作用させた場合の動力は，微小時

間 dt の間の角変位を $d\theta$ とすると，微小距離 $ds = rd\theta$ であるので

$$P = \frac{Fr\,d\theta}{dt} = Fr\omega = T\omega$$

で表すことができる。ここで，T はトルク，ω は角速度である。

9.3 エネルギー

エネルギー（energy）とは，仕事をすることができる能力のことで，例えば，高所にある水や引き伸ばされたばねなどは，ほかの物体に仕事をすることができる。また，ハンマーを振り下ろすことによって釘を打ち込むことができる。このように，ある物体がほかの物体に仕事をする能力を有するとき，その物体はエネルギーをもっているという。ここでは，運動エネルギーと位置エネルギーについて解説する。

9.3.1 運動エネルギー

運動している物体は，止まるまでにほかの物体を動かして仕事をすることができる能力（エネルギー）をもっている。この運動している物体がもっている仕事をする能力のことを**運動エネルギー**（kinetic energy）という。運動エネルギーの大きさは，物体の質量と速さによって決定する。**図 9.7** に示すように，質量 m〔kg〕の物体が速さ v〔m/s〕で運動している場合，その物体が静止するまでにする仕事は $mv^2/2$〔J〕で，これは物体のもつ運動エネルギー U_k〔J〕に等しい。すなわち

$$U_k = \frac{1}{2}mv^2 \tag{9.12}$$

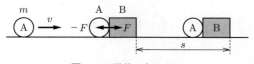

図 **9.7** 運動エネルギー

例題 9.6 質量が 1 500 kg の自動車が 50 km/h の速さで走っているとき，この自動車のもつ運動エネルギーはいくらか．

解答 50 km/h を秒速になおすと 13.89 m/s であるから，求める運動エネルギーは

$$U_k = \frac{1}{2}mv^2 = \frac{1}{2} \times 1\,500 \times 13.89^2 = 144.7\,\text{kJ}$$ ◆

9.3.2 位置エネルギー

高い位置にある物体が低い位置に下がるとき，ほかの物体に仕事をすることができる．すなわち，高い位置にある物体は低い位置にある物体よりも余分のエネルギーをもっていることになる．物体のもつエネルギーの大きさが，その位置によって決定される場合に，そのエネルギーを**位置エネルギー**（potential energy）という．

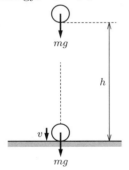

図 9.8 位置エネルギー

図 9.8 に示すように，質量 m〔kg〕の物体がある高さ h〔m〕のところにある場合，その物体が地上に下りるまでにほかの物体に対してする仕事は mgh〔J〕で，これは物体のもつ重力による位置エネルギー U_p〔J〕に等しい．すなわち

$$U_p = mgh \tag{9.13}$$

また，ばねが伸びた場合に自然長（質点が吊り下げられていない場合の自然の長さ）まで戻ろうとするときのエネルギー（弾性エネルギー）の場合，力はばねの伸縮の距離に比例して増加する．

例題 9.7 質量が 10 kg の岩石を，高さ 3 m の位置に持ち上げたとき，こ

の岩石のもつ位置エネルギーはいくらか．

解答 既知の値を式 (9.13) に代入して，$U_p = mgh = 10 \times 9.8 \times 3 = 294\,\mathrm{J}$

◆

9.3.3 回転運動エネルギー

全質量が M の物体が，点 O まわりに角速度 ω で回転している場合の物体がもっている運動エネルギーについて考える．

図 9.9 に示すように，点 O から r の距離にある質量 dm の微小要素の速度 v は

$$v = r\omega \tag{9.14}$$

である．質量 dm のもつ運動エネルギー U_k は

$$dU_k = \frac{1}{2}dmv^2 = \frac{1}{2}dmr^2\omega^2 \tag{9.15}$$

したがって物体全体では，式 (9.15) を積分して

$$U_k = \int \frac{1}{2}r^2\omega^2\,dm = \frac{1}{2}\omega^2 \int r^2\,dm \tag{9.16}$$

ここで，$\int r^2 dm$ は，物体の点 O まわりの慣性モーメント I であるので，式 (9.16) は

$$U_k = \frac{1}{2}I\omega^2 \tag{9.17}$$

となる．この回転運動のエネルギーの式 (9.17) と並進運動のエネルギーの式 (9.12) とを比較すると，質量 m が慣性モーメント I に，速度 v が角速度 ω に対応していることがわかる．

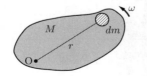

図 9.9 回転運動エネルギー

9.3.4 力学的エネルギー保存の法則

力学的エネルギーとは，物体のもつ位置エネルギー U_p と運動エネルギー U_k の総和のことである。図 **9.10** に示すように，質量 m の物体を高さ h から初速 0 で自然に落下させた場合

(1) 高さ h [m] の位置では，位置エネルギー $= mgh$，運動エネルギー $= 0$ であるから，力学的エネルギー $= mgh$ である。

(2) 高さ x [m] の位置を通過するときの速さを v [m/s] であるとすると，$v^2 = 2g(h-x)$ である。位置エネルギー $= mgx$，運動エネルギー $= mv^2/2 = mg(h-x)$ であるから，力学的エネルギー $= mgx + mg(h-x) = mgh$ である。

このことから，力学的エネルギーは高さ x の値によらずに一定になることがわかる。この関係を**力学的エネルギー保存の法則**という。この法則は，物体に作用する力が重力や弾性力のみの場合には常に成り立つが，摩擦力や空気の抵抗力が働く場合には成り立たない。

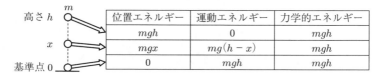

位置エネルギー	運動エネルギー	力学的エネルギー
mgh	0	mgh
mgx	$mg(h-x)$	mgh
0	mgh	mgh

図 **9.10** 力学的エネルギーの保存

例題 9.8 質量が $0.5\,\mathrm{kg}$ の物体を，地上 $1\,000\,\mathrm{m}$ の高さから自由落下させた。このとき

(1) 物体が地面に達したときの運動エネルギーはいくらか。

(2) 物体が地面に達したときの速さはいくらか。

ただし，重力加速度は $9.8\,\mathrm{m/s^2}$ とする。

解答 (1) 物体が地面に達したときの運動エネルギーは
$$K = \frac{1}{2}mv^2 = mgh = 0.5 \times 9.8 \times 1.0 \times 10^3 = 4.9 \times 10^3\,\mathrm{J}$$

(2) $v = \sqrt{2gh} = \sqrt{2 \times 9.8 \times 1.0 \times 10^3} = \sqrt{1.96} \times 10^2 = 1.4 \times 10^2 \,\text{m/s}$

◆

例題 9.9 ばね定数が $100\,\text{N/m}$ のばねの一端を壁に固定し,他端に質量が $1.0\,\text{kg}$ の物体を付けて,なめらかな水平面上に置く。

(1) 物体を押して,ばねを自然長から $0.1\,\text{m}$ 縮めたときのばねの弾性エネルギーはいくらか。

(2) その後,手を離すとばねが伸びて物体が動き出した。ばねが自然長になったときの物体の速さはいくらか。

解答 (1) ばねの自然長からの伸びを x_0 とすると弾性エネルギー U は,$kx_0^2/2$ で表せるので

$$U = \frac{1}{2}kx_0^2 = \frac{1}{2} \times 100 \times 0.10^2 = 0.50\,\text{J}$$

(2) ばねが自然長になったときの運動エネルギーは,弾性エネルギーに等しいので

$$U = \frac{1}{2}kx_0^2 = \frac{1}{2}mv_0^2$$

ここで,v_0 は,ばねが自然長になったときの物体の速さである。よって

$$v_0 = \sqrt{\frac{k}{m}}x_0 = \sqrt{\frac{100}{1.0}} \times 0.10 = 1.0\,\text{m/s}$$

◆

9.3.5 力学的エネルギー保存の法則の応用

〔1〕 物体を投射する運動　図 9.11 に示すように,質量 $m\,[\text{kg}]$ の物体

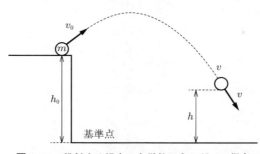

図 9.11　投射する場合の力学的エネルギーの保存

を初速度 v_0〔m/s〕で高さ h_0〔m〕の点から投射した後に,高さ h〔m〕の点で速さが v〔m/s〕になったとすると,これらの間には,力学的エネルギー保存の法則によって

$$mgh_0 + \frac{1}{2}mv_0{}^2 = mgh + \frac{1}{2}mv^2 \tag{9.18}$$

の関係が成立する。

例題 9.10 初速度が v_0〔m/s〕で仰角 θ の方向に投げ上げた物体の,高さが h〔m〕における速さと最高点の高さはいくらか。

解答 投げ上げた点を位置エネルギーの基準点($h=0$)とすると,この基準点における力学的エネルギー E_A〔J〕は

$$E_A = \frac{1}{2}mv_0{}^2$$

高さ h〔m〕の点での速さを v〔m/s〕とすると,この点における力学的エネルギー E_B〔J〕は

$$E_B = \frac{1}{2}mv^2 + mgh$$

力学的エネルギー保存の法則から,$E_A = E_B$ であるから

$$\frac{1}{2}mv_0{}^2 = \frac{1}{2}mv^2 + mgh$$

これより,高さが h〔m〕における速さ v は,$v = \sqrt{v_0^2 - 2gh}$ となる。

最高点では,速さの鉛直方向成分が 0 になるから,最高点の速さは初速度の水平成分 $v_0 \cdot \cos\theta$ に等しい。したがって,最高点の高さを h_0〔m〕とすると,最高点における力学的エネルギー E_C〔J〕は

$$E_C = \frac{1}{2}m(v_0 \cdot \cos\theta)^2 + mgh_0$$

力学的エネルギー保存の法則から,$E_C = E_A$ であるから

$$\frac{1}{2}m(v_0 \cdot \cos\theta)^2 + mgh_0 = \frac{1}{2}mv_0{}^2$$

これより,最高点の高さ h_0〔m〕は

$$h_0 = \frac{v_0{}^2(1-\cos^2\theta)}{2g} = \frac{v_0{}^2\sin^2\theta}{2g}$$

高さ h〔m〕における速さは

$$v = \sqrt{v_0{}^2 - 2gh}$$

◆

〔2〕 **単振り子**　図 **9.12** に示すような一本の糸におもりを付けて吊るしたものを単振り子という。単振り子を振らせるときに，おもりには重力と糸の張力とが作用するが，おもりは糸の方向には動かないことから，張力は仕事をしない。したがって，力学的エネルギー保存の法則が成立する。

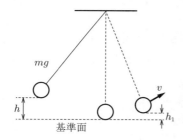

図 **9.12**　単振り子の力学的エネルギーの保存

単振り子のおもりを水平方向に引っ張って，おもりを最下点より高さ h〔m〕の点から静かに離す。おもりの質量を m〔kg〕として，おもりの最下点の位置を位置エネルギーの基準点とすると，このときのおもりの力学的エネルギーは

$$E_1 = mgh$$

おもりの高さが h_1〔m〕に達したときの速さを v〔m/s〕とすると，このときの力学的エネルギーは

$$E_2 = mgh_1 + \frac{1}{2}mv^2$$

力学的エネルギー保存の法則から，$E_1 = E_2$ であるから

$$mgh = mgh_1 + \frac{1}{2}mv^2 \tag{9.19}$$

の関係が成立する。

例題 9.11 長さが l 〔m〕の糸に質量 m 〔kg〕のおもりを付けた単振り子がある。この振り子が最下点で静止しているときにおもりに初速度 v_0〔m/s〕を与えると，振り子は糸が鉛直線と角 θ をなす点まで振れた。初速度 v_0 および糸が鉛直線と角 θ' をなすときのおもりの速さ v〔m/s〕を l, θ, θ' および重力加速度 g を用いて表せ。

解答 おもりの最下点を位置エネルギーの基準点とすると，最下点における力学的エネルギーは

$$E_1 = \frac{1}{2}mv_0^2$$

糸が鉛直線と角 θ をなすときのおもりの基準面からの高さ h〔m〕は，$h = l - l\cos\theta = l(1-\cos\theta)$ であるので，高さ h の点でおもりがもつ力学的エネルギーは

$$E_2 = mgh = mgl(1-\cos\theta)$$

糸が鉛直線と角 θ' をなすときのおもりがもつ力学的エネルギーは

$$E_3 = mgh = mgl(1-\cos\theta') + \frac{1}{2}mv^2$$

力学的エネルギー保存の法則から，$E_1 = E_2 = E_3$ であるから

$$\frac{1}{2}mv_0^2 = mgl(1-\cos\theta) \quad \therefore v_0 = \sqrt{2gl(1-\cos\theta)}$$

$$mgl(1-\cos\theta) = mgl(1-\cos\theta') + \frac{1}{2}mv^2$$

$$\therefore v = \sqrt{2gl(\cos\theta' - \cos\theta)} \qquad \blacklozenge$$

〔3〕 **ばね振り子** 図 9.13 (a) に，水平に置いたばね振り子を示す。ばね定数 k〔N/m〕のばねの一端を固定して，他端に質量 m〔kg〕のおもりを付けておもりを引っ張ってから離すと，おもりは釣合いの位置（ばねが自然長になる位置）を中心として往復運動をする。これを**ばね振り子**という。おもりに仕事をするのは弾性力のみであることから，力学的エネルギーが保存される。最初にばねを引き伸ばした長さを A〔m〕，ばねの伸びが x〔m〕になったと

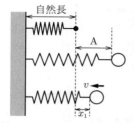
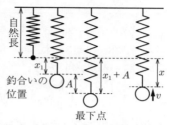

(a) 水平に置いたばね振り子　　(b) 鉛直に吊るしたばね振り子

図 9.13 ばね振り子

きのおもりの速さを v〔m/s〕として，ばねが自然長のときのおもりの位置を位置エネルギーの基準点とすると，力学的エネルギー保存の法則から

$$\frac{1}{2}kA^2 = \frac{1}{2}kx^2 + \frac{1}{2}mv^2 \tag{9.20}$$

図 9.13（b）に，鉛直に吊るしたばね振り子を示す．ばね定数 k〔N/m〕のばねの上端を固定し，下端に質量 m〔kg〕のおもりを付けておもりを鉛直に吊るすと，ばねが x_1〔m〕伸びた時点で，おもりに働く重力と弾性力とが釣り合う．このとき

$$mg = kx_1$$

この状態からさらにおもりを A〔m〕下げてから離すと，おもりは釣合いの位置を中心に振幅 A〔m〕で上下に単振動する．ばねが自然長のときのおもりの位置を位置エネルギーの基準点として，ばねの伸びが x〔m〕のときのおもりの速さを v〔m/s〕とすると，力学的エネルギー保存の法則から

$$-mg(x_1 + A) + \frac{1}{2}k(x_1 + A)^2 = -mgx + \frac{1}{2}kx^2 + \frac{1}{2}mv^2 \tag{9.21}$$

例題 9.12 ばね定数 k〔N/m〕のばねの上端を固定して，下端に質量 m〔kg〕のおもりを付けて鉛直に吊るす．この後に，ばねが自然長になるまでおもりを持ち上げて離したところ，ばねは上下に振動した．

（1）おもりが釣合いの位置を通過するときの速さ v_1〔m/s〕はいくらか．

(2) おもりが最下点にきたときのばねの伸び x_2 〔m〕はいくらか。

解答 おもりが釣り合ったときのばねの伸びを x_1〔m〕とすると, $mg = kx_1 \cdots$ ①

(1) ばねが自然長のときのおもりの位置を位置エネルギーの基準点とすると, 力学的エネルギー保存の法則から

$$-mgx_1 + \frac{1}{2}mv_1^2 + \frac{1}{2}kx_1^2 = mg \cdot 0 + \frac{1}{2}m \cdot 0^2 + \frac{1}{2}k \cdot 0^2 = 0 \cdots ②$$

①から, $x_1 = mg/k$ を②に代入して v_1 を求めると, $v_1 = g\sqrt{m/k}$

(2) 最下点では速度 $= 0$ であるので, 力学的エネルギー保存の法則から

$$-mgx_2 + \frac{1}{2}kx_2^2 = 0 \qquad \therefore x_2 = \frac{2mg}{k}$$ ◆

9.3.6 てこ, 滑車, 輪軸

〔1〕 て こ 図 9.14 にてこ (lever) を示す。これは, 支点 O のまわりに回転できるようにした剛体の棒のことで, 力 F の作用する点を力点, 荷重 W の作用する点を作用点(重点)という。支点 O まわりの力のモーメントの釣合いから

$$W \cdot \text{BO} - F \cdot \text{OA} = 0 \qquad \therefore \frac{W}{F} = \frac{\text{OA}}{\text{OB}} \tag{9.22}$$

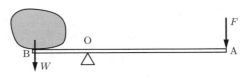

図 9.14 て こ (1)

この W/F の比の値を**力比** (force ratio) という。この力比の値は, 大きいほど, 小さな力で大きな物体を動かすことができることを意味している。この力比を大きな値にするには, OB の長さに比較して OA の長さを大きくすればよい。

また, **図 9.15** に示すように, 点 A に力 F を加えて h_A だけ下げると, 点 B の重さ W の物体が h_B だけ上がったとする。この場合に, これらの運動に要した時間 Δt は同じであるので, 点 A_n における速さを v_A, 点 B における速さを

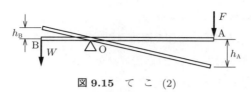

図 9.15 て こ (2)

v_B とすると，それらの間には次の関係がある．

$$\frac{v_\mathrm{B}}{v_\mathrm{A}} = \frac{h_\mathrm{B}/\Delta t}{h_\mathrm{A}/\Delta t} = \frac{h_\mathrm{B}}{h_\mathrm{A}} = \frac{\mathrm{OB}}{\mathrm{OA}} = \frac{F}{W} \tag{9.23}$$

この $h_\mathrm{B}/h_\mathrm{A}$ を**速比**（velocity ratio）という．このように，てこは物体の動きを拡大したり，縮小したり，速度を変えることができる．

〔2〕 **滑車（プーリ）** 重い物体を持ち上げたり下ろしたりするときには，**滑車**を用いると便利である．滑車には，**図 9.16** に示すような軸の位置を固定した**定滑車**（fixed pulley）と**図 9.17** に示すような軸の位置が一定でない**動滑車**（movable pulley）とがある．実際の滑車は，これらの滑車を組み合わせて用いられている．

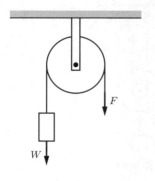

図 9.16 定 滑 車

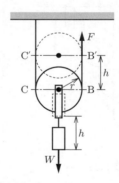

図 9.17 動 滑 車

定滑車は，力の向きを変えることができるが，力の大きさは変えられない．これに対して動滑車は，中心に重量 W の物体を吊るすと，滑車の質量を無視すれば，点 C のまわりのモーメントの釣合いから，$\Sigma M_C = F \cdot 2r - W \cdot r = 0$ より

$$F \cdot 2r = W \cdot r \quad \therefore F = \frac{W}{2} \tag{9.24}$$

となり，働かせる力は 1/2 になる。

また，動滑車で質量 W の物体を距離 h だけ引き上げる場合には，図中の CC' と BB' の部分，すなわち $2h$ の長さだけ綱を引き上げなければならない。したがって力 F による仕事は

$$F \cdot 2h = \frac{W}{2} \cdot 2h = W \cdot h \tag{9.25}$$

となる。これは，質量が W の物体を距離 h だけ引き上げるのに要する仕事に等しい。このように，力が 1/2 になっても距離が 2 倍になって，結局は仕事の量としては変わらないことがわかる。このことを**仕事の原理**という。

滑車は，その組み合わせによって**図 9.18**，**図 9.19**，**図 9.20** に示すような 3 種類に大別されて，これらを**複合滑車**と呼ぶ。

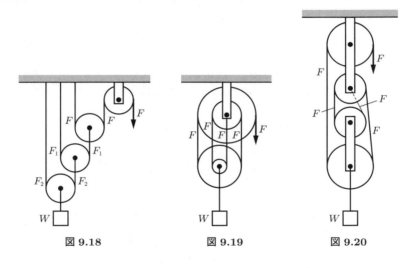

図 9.18 　　　図 9.19 　　　図 9.20

図 9.18 の場合には，動滑車の数を n として滑車の質量を無視すれば

$$F = \frac{W}{2^n} \tag{9.26}$$

動滑車一つの質量を w とすると

$$F = \frac{W + w(2^n - 1)}{2^n} \tag{9.27}$$

図 9.19 の場合には，動滑車を吊っている糸の数を n として滑車の質量を無視すれば

$$F = \frac{W}{n} \tag{9.28}$$

動滑車一つの質量を w とすると

$$F = \frac{W+w}{n} \tag{9.29}$$

図 9.20 の場合には，動滑車の数を n として滑車の質量を無視すれば

$$F = \frac{W}{2^{n+1}-1} \tag{9.30}$$

おのおのの動滑車の質量を w とすると

$$F = \frac{W - \{2(2^n - 1) - n\}w}{2^{n+1}-1} \tag{9.31}$$

これらのことから，動滑車の数が多くなると，小さな力で重い物体を引き上げることができるが，綱を引く長さが長くなることがわかる。

図 9.21 に示すように，径の異なる一体の定滑車の下に動滑車が取り付けられている滑車を**差動滑車** (differential pulley block) という。これは，上部の定滑車の二つの円筒面にそれぞれロープが何回も巻かれていて，円筒面の左右のロープに働く張力が，ロープ間では互いに力の作用を及ぼし合わないように作られている滑車である。

動滑車の中心に質量 W の物体を吊るして，A にかかった鎖を力 F で引く場合には，動滑車の質量を無視すれば，定滑車の中心まわりのモーメントの釣合いから，$WR/2 - Wr/2 - FR = 0$ より

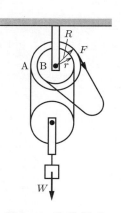

図 9.21 差動滑車

$$F = \frac{W(R-r)}{2R} \tag{9.32}$$

これから，R の値が大きく，R と r との差が小さいほど F の値は小さくてす

むことがわかる。

質量が W の物体を距離 h だけ引き上げるには，A にかかった鎖を長さ s だけ引かなければならないとすると，仕事の原理より

$$Fs = Wh$$

これと式 (9.32) より

$$s = \frac{Wh}{F} = \frac{2Rh}{R-r} \tag{9.33}$$

これより，鎖を引く力 F を小さくすると，鎖を引く長さ s が非常に大きな値になることがわかる。動滑車の質量を w とすると

$$F = \frac{(W+w)(R-r)}{2R} \tag{9.34}$$

〔3〕 **輪　軸**　図 **9.22** に示すように，同じ軸に半径の異なる二つの円筒 A，B を固定して，軸のまわりに回転できるようにしたものを**輪軸**（wheel and axle）という。ここで，大きいほうの円筒 A を車輪（輪），小さいほうの円筒 B を軸という。A に巻かれた綱を力 F で引いて，B に巻かれた綱で質量 W の物体を引き上げるとすると，中心 O まわりの力のモーメントの釣合いから

$$RF = rW \quad \therefore F = \frac{rW}{R} \tag{9.35}$$

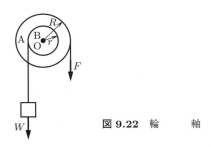

図 **9.22**　輪　　軸

式 (9.35) から，輪軸は，r/R の比の値を小さくすればするほど，小さな力で重い物体を引き上げられることがわかる。重い物体を上げるのに用いる**ウインチ**（winch）は，この輪軸の原理を応用したものである。

例題 9.13 図 9.23 に示すような輪軸で，重量が 600 kgf の物体を 6 rpm で巻き上げるとき，ロープを引く力 F および動力 P はいくらか。

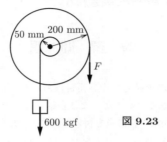

図 9.23

解答 ロープを引く力 F は，$F = rW/R = (50/200) \times 600 \times 9.8 = 1\,470\,\mathrm{N}$，軸回転速度は 6 rpm であるから，600 kg の物体が上昇する速度 v は

$$v = r\omega = \frac{r \cdot 2\pi N}{60} = \frac{0.05 \times 2\pi \times 6}{60} = 0.031\,4\,\mathrm{m/s}$$

したがって，動力 P は

$$P = mgv = 600 \times 9.8 \times 0.031\,4 = 184.6\,\mathrm{W} \qquad \blacklozenge$$

9.3.7 機械の効率

機械を使用して仕事をする場合，実際には摩擦などによるエネルギーの損失がある。このため，機械がした仕事に使用されたエネルギーは，機械に供給されるエネルギーよりも常に小さい。実際に利用された有効な仕事と機械に供給された全仕事との比を**機械の効率**（mechanical efficiency）η といい，一般に〔％〕で表す。

$$\eta = \frac{有効仕事}{全仕事} \times 100 \,[\%]$$
$$= \left(1 - \frac{消耗した仕事}{全仕事}\right) \times 100 \,[\%] \tag{9.36}$$

仕事の時間に対する割合が動力であるから，式 (9.36) 中の仕事を動力に置き換えても成立する。また，いくつかの機械が組み合わされている場合には，各

機械の効率が η_1, η_2, η_3, $\cdots$ とすると，この機械全体の効率は

$$\eta = \eta_1 \cdot \eta_2 \cdot \eta_3 \cdots \tag{9.37}$$

このように，各機械の効率の積で表される．

演 習 問 題

【1】 氷上の箱が 100 N の垂直力で押さえ付けられながら 100 m すべった．このとき，箱を押さえ付けている力がした仕事はいくらか．

【2】 平らな机の上に置かれた箱に糸を付けて，水平から角度 $\theta = 60°$ の方向に 10 N の力で引いたところ，箱が机の上を水平に 0.2 m 動いた．この力のした仕事はいくらか．

【3】 100 mm 伸ばすのに 1.5 kN の力を必要とするばねがある．このばねを自然長の状態から 30 mm 伸ばすには，どれほどの仕事が必要か．

【4】 一本の倒木を人物 A は 350 N の力で引っ張り，さらに人物 B が 400 N の力で押して 30 m 動かした．このとき，人物 A と人物 B とが倒木にした仕事はいくらか．

【5】 重量（$mg = 12\,250\,\text{N}$）の自動車を水平面と 15° の斜面に沿って 100 m だけ引き上げるためには，どのくらいの仕事が必要か．ただし，摩擦は考えないものとする．

【6】 質量が 60 kg の人物が，建物の一階から三階まで 10 m の高さの階段を 35 秒間で駆け上った．この間に，この人物が重力に抗して行った仕事の仕事率はいくらか．

【7】 摩擦のない水平な面上を自由に運動している物体の運動エネルギーが 10 秒間で 150 J から 500 J まで増加した．このときの動力はいくらか．

【8】 速度が 850 km/h で水平飛行しているジェット機が毎秒 60 kg の空気をエンジンに取り入れて速度 700 m/s で排出するとき，このジェット機のエンジンの推力と動力はいくらか．

【9】 長さが 12 cm のばねがある．このばねを 1 cm 縮めるには 50 gw の力が必要である．このばねを水平に置いて，質量が 25 g の球を接触させて 10 cm まで縮めたとき，ばねに蓄えられる弾性エネルギーはいくらか．また，手を離すと，球はどれだけの速さでばねから押し出されるか．ただし，ばねの質量は無視できるものとする．

【10】 速度 36 km/h で走っていた質量が 1 t の自動車が，急ブレーキをかけて停止し

た。自動車と路面との間の動摩擦力が 5 kN であったとすると、この自動車がブレーキをかけてから停止するまでにすべった距離はいくらか。

【11】 長さが 120 cm の振り子を、糸が鉛直線と 30° の傾きをなす位置から静かに離した。おもりが最下点を通過するときの速さはいくらか。また、おもりの質量が 200 g であるとすると、最下点を通過するときの向心力と糸の張力はいくらか。

【12】 図 **9.24** に示すような動滑車 A と定滑車 B に糸をかけて、糸の末端に W_2、動滑車に W_1 の重量のおもりをかけて手で支えている。いま、時刻 $t = 0$ で手を離せばおもりは図のように動く。このときのおもりの加速度と糸の張力はいくらか。ただし、滑車の重さは無視する。

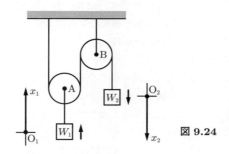

図 **9.24**

10 振　　　動

　自然界やわれわれの身のまわりでは，いろいろな振動が生じている．**振動**（vibration）とは，ある座標系で測定した物理量が，その**平均値**（mean value）や**平衡点**（equilibrium point）よりも大きい状態と小さい状態とを交互に繰り返す変化のことである．言い換えれば，時間の経過とともに，周期的あるいは不規則な変化を繰り返す現象のことである．このような振動が機械構造物に生じると**騒音**（noise）が発生し，それによって機械構造物の性能が低下する．また，繰り返し変形が生じると，材料自体が疲労破壊することもある．

　機械工学における振動は，従来，主に**機械振動**（mechanical vibration）を対象にしてきたが，現在では，流体力や電磁力によって発生する振動から血圧の脈動などの生体を含む振動まで，幅広い範囲の振動現象を対象としている．

　振動には，外力を強制的に与えた場合に発生する**強制振動**（forced vibration）や，外力を取り除いた後に発生する**自由振動**（free vibration，固有振動ともいう）がある．このほかに日常見かける振動として，黒板にチョークをある角度で進ませると，摩擦力によってチョークがカタカタと連続的に振動する．これは非周期的なエネルギーが継続的に供給されることによって発生する振動で，**自励振動**（self-excited vibration）と呼ばれている．この自励振動によって物体が振動する振動数は，その物体の固有振動数である．

　日常のさまざまな振動現象は，励振のメカニズムによって，自由振動，強制振動，自励振動に分けられる．これらを中心に，振動の基本について解説する．

10.1 単振動

振動現象の中で最も基本的な振動は，**単振動**（simple harmonic vibration）あるいは**調和振動**（harmonic vibration）と呼ばれる周期的な振動である。

この振動を式で表すと，式 (10.1) のようになる。

$$y = a\sin(\omega t + \phi) \tag{10.1}$$

ここで，$y=$ 変位，$a=$ 振幅，$t=$ 時間，$\omega=$ 角振動数〔rad/s〕，$\phi=$ 初期位相（$t=0$ のときの位相）である。

また，この振動の周期 T〔s〕は

$$T = \frac{2\pi}{\omega} \tag{10.2}$$

で表される。この**周期**（period）は，運動している点が，ある瞬間の位置から再びその位置に戻るまでの時間のことである。この振動の振動数（または周波数）f は周期を用いると

$$f = \frac{1}{T} \tag{10.3}$$

で表すことができる。この**振動数**（frequency）は，単位時間当り（通常 1 秒間）に繰り返されるサイクルの回数のことで，この単位時間には秒を用いることが多く，単位はヘルツ〔Hz〕で表す。

また，回転振動の場合には，主に**角振動数**（angular frequency）や**円振動数**（circular frequency）を用いる。この角振動数は，振動数の 2π 倍であり，単位は〔1/s〕あるいは〔rad/s〕である。

振動は，**自由度**（degree of freedom）という観点から分類することもできる。例えば，質点あるいは物体の位置や角度を一つの変数で表すことができる系を 1 自由度振動系という。質点が二つの場合や質点が一つであっても，変数が二つの場合には 2 自由度振動系となる。

10.2　1自由度系の自由振動

機械や構造物で振動が発生すると，騒音や振動で不快に感じることもあり，さらに，事故や構造物の破壊にまで至る恐れがある。ここでは**振動系**（vibration system）の中で最も基本的な系である**1自由度振動系**（vibration system with single degree of freedom）について解説する。

まずは，減衰のない（**非減衰**）**1自由度系の振動** (vibration system with single degree of freedom without damping) について説明する。

図10.1に1自由度振動系のモデルを示す。ここでは，ばね–質量系の運動方程式とその解について考える。質点は，質量を m とし，x 方向だけに動くことができるものとする。また，質点の位置は，ばねが自然長であるときの位置を原点として，その変位を x とする。使用しているばねのばね定数を k として，ばねと復元力との間にはフックの法則（$F = kx$）が成立し，また，ばねの質量は無視するものとする。

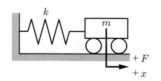 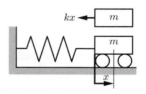

(a)　平衡位置からの変位および力 F の正方向　　(b)　正方向に変位した状態

図 10.1　1自由度系振動系のモデル

この質点の運動を表す運動方程式は，ニュートンの第2法則（運動方程式）の（力）＝（質量）×（加速度）の式を用いて

$$-kx = m \cdot \frac{d^2 x}{dt^2} \tag{10.4}$$

と書くことができる。加速度 d^2x/dt^2 を $\ddot{x}$ で記述して

$$-kx = m\ddot{x}$$

あるいは

$$m\ddot{x} + kx = 0 \tag{10.5}$$

これが，**1 自由度系の調和振動**あるいは**単振動の運動方程式**である。

さて，図 10.1 では，質点が水平面内で振動する場合を考えているが，**図 10.2** のようにばねが天井から吊り下げられていて，それに質点が取り付けられて，上下に振動する場合を考える。

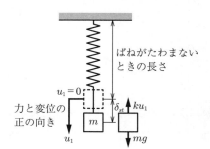

図 10.2 天井から吊り下げられている場合のモデル

この場合には，質点が釣合い位置にある場合には，すでにばねは伸びていることを考慮する必要がある。ばねが自然長であるときのばね先端の位置を原点として，質点の位置を変数 X として下方にとると，質点の運動方程式は

$$m\ddot{X} = mg - kX \tag{10.6}$$

で表される。ここで，ばねの伸び X は，釣合いの位置における伸び x_s と釣合いの位置からの伸び x とを加えたものであるので

$$X = x_s + x \tag{10.7}$$

となる。

ばねの伸び x_s は，ばねの復元力と重力とが釣り合っていることから

$$mg = kx_s \tag{10.8}$$

また，$\ddot{X} = \ddot{x}$ であることから，式 (10.6) は

$$m\ddot{x} = mg - k(x_s - x) = -kx \tag{10.9}$$

となる．この式 (10.9) は，重力を考慮していない式 (10.6) と同じ式である．すなわち，質点に重力が働いている場合であっても，釣合いの位置を原点とすれば，重力を考慮しない場合の運動方程式と同じになることがわかる．

さて，この運動方程式（式 (10.5) あるいは式 (10.9)）の一般解は，式の両辺に $\dot{x}$ を乗じて変形すると

$$\frac{d}{dt}\left(\frac{m\dot{x}^2}{2} + \frac{kx^2}{2}\right) = 0 \tag{10.10}$$

これを積分すると

$$\frac{m\dot{x}^2}{2} + \frac{kx^2}{2} = 一定 = E \tag{10.11}$$

式 (10.11) は，運動エネルギーとばねによる弾性エネルギーを加えた系全体のエネルギーの総和は一定であり，ばねによる弾性エネルギーは保存されていることを示している．式 (10.11) から

$$\dot{x}^2 = \frac{2E}{m} - \frac{kx^2}{m} \tag{10.12}$$

これより

$$x = \frac{\sqrt{2E}}{k}\sin\theta \tag{10.13}$$

と置いて，式 (10.12) に代入し，$\dot{x} = \sqrt{2E/k}\cos\theta\,\dot{\theta}$ を使用すると

$$\dot{\theta} = \pm\sqrt{\frac{k}{m}}\,t + \alpha \tag{10.14}$$

が求められ，x は

$$x = \sqrt{\frac{2E}{k}}\sin\left(\pm\sqrt{\frac{k}{m}}\,t + \alpha\right)$$

$$= A\sin\omega_n t + B\cos\omega_n t \tag{10.15}$$

ここで, $\omega_n = \sqrt{k/m} = \sqrt{g/x_s}$ である.

この ω_n は振動系に固有の値であり, 自由振動では**固有角振動数** (natural angular frequency) あるいは**固有円振動数** (natural circular frequency) と呼ばれる. また, この振動の周期を**固有周期** (natural period) といい, $T = 2\pi/\omega_n$ で求められる.

例題 10.1 質量 500 g のおもりを吊るすと 10 cm 伸びるつる巻きばねがある. その下端に 1000 g のおもりを付けて, 自然長から 30 cm 伸ばしたところで手を離した. このとき

(1) おもりの振動の周期はいくらか.
(2) 振動の中心を通過するときのおもりの速さはいくらか.

ただし, ばねの質量は無視し, 重力加速度 g は $9.8\,\mathrm{m/s^2}$ とする.

解答 $mg = kx$ より, $0.5 \times 9.80 = k \times 0.10$ $\therefore k = 49\,\mathrm{N/m}$
(1) 単振動の周期 $T = 2\pi\sqrt{m/k} = 2 \times 3.14 \times \sqrt{1.00/49} = 0.90\,\mathrm{s}$
(2) 速さ $v = A\omega$, $\omega = 2\pi/T = 2 \times 3.14/0.90 = 7.01/\mathrm{s}$
振動の中心は, 自然長より 20 cm 伸びた点であるので, 振幅 A は 10 cm である. したがって, 中心を通過する際の速さは

$$v = A\omega = 0.10 \times 7.0 = 0.70\,\mathrm{m/s} \qquad \blacklozenge$$

例題 10.2 ばねにおもりを吊るすとばねが 2 cm 伸びた. このばねの固有振動数 f_n と固有周期 T はいくらか.

解答 重力 mg によるばねの静たわみを δ とすると, $k\delta = mg$ より, 固有振動数 f_n は

$$f_n = \frac{1}{2\pi}\sqrt{\frac{g}{\delta}}$$

これに既知の値を代入して

$$f_n = \frac{1}{2\pi}\sqrt{\frac{9.8}{0.02}} = 3.52\,\text{Hz}$$

また，固有周期 $T = 1/f_n = 0.284\,\text{s}$ ◆

10.3　1自由度系の減衰自由振動

ばね–質量系の振動系や単振り子は，実際には初期条件を与えて自由振動させると，時間の経過とともに振幅が減少し，最後には平衡状態で停止する。これは，この振動系になんらかの減衰させるための要素があるからである。このような減衰を伴った自由振動は，**減衰自由振動**（damped free vibration）と呼ばれている。この振動を減衰させる要因としては，主に「気体や液体の粘性減衰（粘性抵抗）」「固体の接触面に発生する摩擦減衰（摩擦抵抗）」などが挙げられる。

図 10.3 に，速度に比例した粘性抵抗を考慮した減衰系の力学モデルを示す。励振力がない場合の運動方程式は，式 (10.16) のように示すことができる。

$$m\ddot{x} = -kx - c\dot{x} \quad \begin{array}{l} c:\text{粘性減衰係数}[\text{N·s/m}] \\ \quad(\text{coefficient of viscous damping})\end{array} \tag{10.16}$$

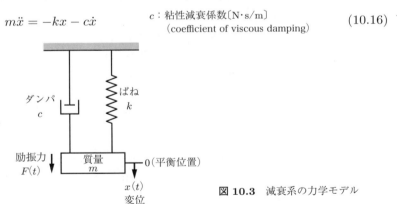

図 10.3　減衰系の力学モデル

この場合，変位 x は平衡位置を原点としており，$-kx$ には重力も含まれている。また右辺の第二項は粘性抵抗を表している。

式 (10.16) を整理すると

$$m\ddot{x} + c\dot{x} + kx = 0 \tag{10.17}$$

この両辺を m で割り

$$2\varepsilon = \frac{c}{m}, \quad \omega_n^2 = \frac{k}{m} \tag{10.18}$$

と置くと，式 (10.17) は

$$\ddot{x} + 2\varepsilon\dot{x} + \omega_n^2 x = 0 \tag{10.19}$$

となる．

ここで，$\varepsilon = \omega_n$ のときの減衰係数の値を c_{cr} と置くと，式 (10.18) から

$$c_{cr} = 2\sqrt{mk} \quad c_{cr}：臨界減衰係数（coefficient of critical damping） \tag{10.20}$$

このときの ε と ω_n との比を ζ とすると

$$\zeta = \frac{\varepsilon}{\omega_n} = \frac{c}{2\sqrt{mk}} = \frac{c}{c_{cr}} \tag{10.21}$$

この ζ は，減衰係数の比を表す無次元量であり，**減衰比**（damping ratio）と呼ばれていて，m, k, c の大きさによって決まる振動系の減衰の程度を表す量である．この ε や ω_n，ζ の大きさによって次に示す三通りの減衰パターンに分類される．

10.3.1 過減衰（$\zeta > 1$）

図 **10.4** に過減衰の運動波形を示す．これは，時間とともに初期位置から平衡位置（t 軸）に収束する非周期的な曲線になり，減衰の度合いが大きい状態であることから **過減衰**（over damping）と呼ばれている．減衰比 ζ が大きい場合には，収束する速さが遅くなり，振動が停止するまでの時間が長くなる．過減

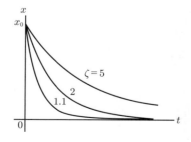

図 **10.4** 過減衰（$\zeta > 1$）の運動波形

衰の場合には，初期速度が負のとき，平衡位置を一度通過してから収束する曲線を示すこともある。

10.3.2　臨界減衰（$\zeta = 1$）

図 10.5 に臨界減衰の運動波形を示す。これは，初期条件を速度 $v_0 = 0$ とすると，過減衰の場合と同様に，時間とともに初期位置から平衡位置（t 軸）に収束する非周期的な曲線になり，振動しない曲線を示す。減衰の度合いによって振動が発生するかしないかの臨界状態であることから**臨界減衰**（critical damping）と呼ばれている。初期速度が $v_0 < 0$ の場合には，平衡位置を一度通過してから収束する曲線を示すこともある。

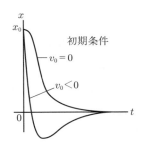

図 10.5　臨界減衰（$\zeta = 1$）の運動波形

10.3.3　不足減衰（$\zeta < 1$）

図 10.6 に不足減衰の運動波形を示す。これは，間隔 T_d で平衡位置を通過し

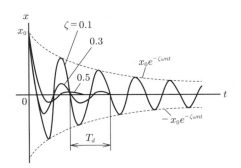

図 10.6　不足減衰（$\zeta < 1$）の運動波形

ながら二つの指数関数の間で振動を繰り返しつつ減衰し，時間とともに振幅は0に漸近する．特に $\zeta = 0.1$ の場合には最大振幅を示す曲線になり，粘性抵抗の作用が小さいことから**不足減衰**（under damping）と呼ばれている．

このことから，ばねばかりでは，正確で速く目盛が指示されるように $\zeta < 1$ の1に近い範囲でダンパが設計されている．また，ドアを閉じるために用いられているドアクローザなどは，ドアが適当な速さで静かに閉まるように，つまり，ドアが非周期運動をするように $\zeta > 1$ の範囲で設計されている．

なお，減衰振動における固有の性質は，非減衰振動（$\zeta = 0$）の場合の固有の性質 ω_n, f_n, T_n と比較すると

減衰固有角振動数（damped natural angular frequency）

$$\omega_d = \sqrt{\omega_n^2 - \varepsilon^2} = \sqrt{1 - \zeta^2} \cdot \omega_n \tag{10.22}$$

減衰固有振動数（damped natural frequency）

$$f_d = \frac{\omega_d}{2\pi} = \sqrt{1 - \zeta^2} \cdot f_n \tag{10.23}$$

減衰固有周期（damped natural period）

$$T_d = \frac{1}{f_d} = \frac{T_n}{\sqrt{1 - \zeta^2}} \tag{10.24}$$

と表すことができる．

例題 10.3 質量 $m = 12\,\text{kg}$，ばね定数 $k = 36\,\text{kN/m}$，粘性減衰定数 $c = 420\,\text{N} \cdot \text{s/m}$ の1自由度系自由振動において

(1) 減衰がない場合の固有振動数 f_n と固有周期 T はいくらか．

(2) 減衰がある場合の固有振動数 f_d と固有周期 T_d はいくらか．

解答 (1) 減衰がない場合の固有振動数 f_n は

$$f_n = \frac{1}{2\pi}\sqrt{\frac{k}{m}} = \frac{1}{2\pi}\sqrt{\frac{36 \times 1\,000}{12}} = 8.72\,\text{Hz}$$

固有周期 $T = \dfrac{1}{f_n} = \dfrac{1}{8.72} = 0.115\,\text{s}$

(2) 臨界減衰係数 $c_{cr} = 2\sqrt{mk} = 2 \times \sqrt{12 \times 36\,000} = 1.31 \times 10^3\,\text{N} \cdot \text{s/m}$．

これより減衰比は

$$\zeta = \frac{c}{c_c} = \frac{420}{1.31 \times 10^3} = 0.321$$

$$\frac{f_d}{f_n} = \sqrt{1-\zeta^2} = \sqrt{1-0.321^2} = 0.947$$

したがって，減衰がある場合の固有振動数 f_d は

$$f_d = 8.26\,\mathrm{Hz}$$

また，固有周期 T_d は

$$T_d = \frac{1}{f_d} = 0.121\,\mathrm{s} \qquad\qquad\blacklozenge$$

10.4　等 価 ば ね

複雑な振動系は，それを 1 自由度系や 2 自由度系のモデルとして置き換えて考えることができる。例えば，二本のばねが直列に繋がっている**直列ばね**（spring in series）の場合，これを一本のばねに置き換える。ばね 1, 2 の伸縮に対するばね定数を k_1, k_2，置き換えられたばねのばね定数を k_e とする。二本のばねが力 F を受けてそれぞれ δ_1, δ_2 伸びたとすれば，全体の伸び δ は

$$\delta = \delta_1 + \delta_2 \tag{10.25}$$

それぞれのばねに作用する力は F に等しいので

$$F = k_1\delta_1 = k_2\delta_2 = k_e\delta \tag{10.26}$$

これらの式から

$$\frac{1}{k_e} = \frac{1}{k_1} + \frac{1}{k_2} \tag{10.27}$$

が成り立つ。この置き換えられたばねのことを**等価ばね**（equivalent spring）という。直列ばねでは，等価ばねのばね定数 k_e は，ばね 1, 2 のどちらのばね

定数よりも小さくなる。

次に，二本のばねが並列に繋がっている**並列ばね**（spring in parallel）の場合を示す。並列の場合には，それぞれのばねに作用する力の和が外部から加わる力 F に等しいので

$$F = k_1\delta + k_2\delta = k_e\delta \tag{10.28}$$

したがって

$$k_e = k_1 + k_2 \tag{10.29}$$

が成り立つ。並列ばねでは，等価ばねのばね定数 k_e は，ばね 1，2 のばね定数よりも大きくなる。

例題 10.4 図 **10.7** に示すように，ばね定数 k_1 のばねを二つ並列にして，その先にばね定数 k_2 のばねを直列に連結し，さらにその先に質量 m のおもりを吊り下げた。この振動系の等価ばね定数と固有振動数はいくらか。

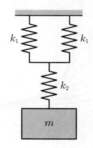

図 **10.7**

解答 組み合わせばね全体の等価ばね定数は

$$\frac{1}{k} = \frac{1}{2k_1} + \frac{1}{k_2}$$

これより等価ばね定数 k は

$$k = \frac{2k_1 k_2}{2k_1 + k_2}$$

固有振動数 f は

$$f = \frac{1}{2\pi}\sqrt{\frac{k}{m}} = \frac{1}{2\pi}\sqrt{\frac{2k_1 k_2}{m(2k_1+k_2)}}$$

◆

10.5 共　　　　振

　振動する物体は，その物体が特に振動しやすい周期，すなわち，特に振動しやすい振動数が決まっている．この振動数はその系の固有振動数と呼ばれている．この固有振動数と同じ周期で外力が作用すると，振幅が急激に増大する．この現象は**共振**（resonance）と呼ばれていて，振動現象において機械構造物を設計する際には，この共振現象を回避しなければならない．すなわち，設計する段階で固有振動数を回避することが重要である．**図 10.8**に共振曲線を示す．これより，振動する物体の固有振動数に等しい振動が外力によって与えられたとき，振幅が最大（最大振幅）になることがわかる．

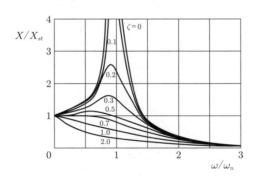

図 10.8　共 振 曲 線

10.6　2自由度系の振動

　一つの独立変数で表される振動は1自由度系の振動であるが，実際の振動現象の中には，より多くの変数を用いないと表すことのできないものが多くある．例えば，自動車の車体の振動や歯車列のねじり振動などでは，より複雑な振動

が発生する。実際の物体をモデル化した場合に，質量–ばね–ダンパによって自動車のタイヤとサスペンションをモデル化した場合，タイヤが地面と接するとタイヤが変形するのでばね性が生じ，タイヤのゴムの内部摩擦や空気の粘性抵抗などのために，タイヤの振動は時間の経過とともに減少する。ここで，タイヤのばね定数を k_1，粘性減衰係数を c_1，タイヤの質量を m_1 とし，その上にはダンパを有するサスペンションを介して車体が載っている。サスペンションのばね定数を k_2，ダンパの粘性減衰係数を c_2，車体の質量を m_2 とすると，**図10.9** に示すようにモデル化することができる。

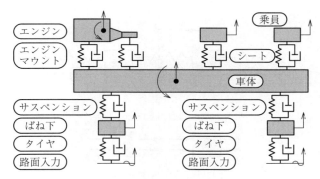

図 10.9 自動車とサスペンションのモデル化

このモデルでは，質量 m_1 がばね k_1 で支えられていて，その上に質量 m_2 がばね k_2 で連結されているので相互に力を及ぼし合う。このために，質量 m_1 と m_2 の二つの質量の運動が決まらなければ，この系の運動は完全には決定されない。このように質量–ばね–ダンパの組み合わせが二組で表されるモデルの場合を **2 自由度**（two degrees of freedom）という。**図10.10** に，ばね–質量系の 2 自由度系モデルを示す。

ばね–質量系の 2 自由度系の場合の運動方程式は

$$\begin{cases} m_1\ddot{x}_1 + (k_1+k_2)x_1 - k_2 x_2 = 0 \\ m_2\ddot{x}_2 - k_2 x_1 + (k_2+k_3)x_2 = 0 \end{cases} \tag{10.30}$$

ここで，m_1, m_2 は質点の質量，k_1, k_2, k_3 はばね定数，x_1, x_2 は平衡位置

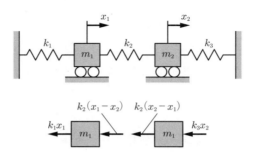

図 10.10 ばね–質量系の 2 自由度系モデル

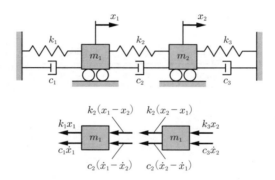

図 10.11 ばね–質量–ダンパ（減衰）系の 2 自由度系モデル

からの変位を表す。また，**図 10.11** に，ばね–質量–ダンパ（減衰）系の 2 自由度系のモデルを示す。

減衰力が作用するばね–質量–ダンパ系の 2 自由度系の場合の運動方程式は

$$\begin{cases} m_1\ddot{x}_1 + (c_1+c_2)\dot{x}_1 - c_2\dot{x}_2 + (k_1+k_2)x_1 - k_2x_2 = 0 \\ m_2\ddot{x}_2 - c_2\dot{x}_1 + (c_2+c_3)\dot{x}_2 - k_2x_1 + (k_2+k_3)x_2 = 0 \end{cases} \quad (10.31)$$

ここで，c_1，c_2，c_3 は粘性減衰力が作用している場合の減衰係数を表す。

ちなみに，図 10.9 のモデルは，自動車とサスペンションを 8 自由度としてモデル化している場合である。

演 習 問 題

【1】 コイルばねに 100 g のおもりを吊るしたところ 5.0 cm 伸びた。このおもりをもって，さらに 2.5 cm 伸ばしてから手を離す。
 (1) その瞬間におもりに生じる加速度はいくらか。
 (2) その後の振動の周期はいくらか。

【2】 ばね定数 $k = 200$ N/m の質量を無視できるばねを，なめらかな水平面上に置き，ばねの一端を固定して，他端に質量が 0.5 kg の物体を付ける。ばねを引っ張って 40 cm 伸ばして静かに離したところ，物体は単振動をした。
 (1) 振動の中心から 20 cm のところを通過するときの物体の速さはいくらか。
 (2) この単振動の周期はいくらか。

【3】 質量が 300 g のおもりを吊るすと 7 mm 伸びるコイルばねがある。このコイルばねに質量 1500 g のおもりを吊るした。このばねのばね定数と固有振動数はいくらか。

【4】 人間の耳には，20 Hz から 20 000 Hz の振動数の音が聞こえる。音波が空気中を伝わる速度を 340 m/s とすると，人間に聞こえる音の波長の範囲はいくらか。

【5】 音波が空気中を伝わる速度を 340 m/s とすると，周期が 1.35×10^{-3} の音波の波長はいくらか。

【6】 振幅が 70 mm の間を 2 秒間に 1 回の割合で単振動する物体がある。この単振動を表す式を示せ。また，振幅の中心から 70 mm の点における速度と加速度はいくらか。

【7】 調和振動している質量が 300 g の物体に，振動の中心点から 50 mm の点で 0.2 N の力が働くとした場合の振動の周期はいくらか。

【8】 コイルばねに 3 kg の物体を吊るして振動させると，2 秒間に 5 回の割合で振動した。このばねを 30 mm 伸ばすのに必要な力は何 N か。また，吊るす物体の質量を 3 倍にすると周期はどのようになるか。

【9】 コイルばねに吊るしてある質量が 20 kg のおもりを急に下げたら，おもりは 1 分間に 70 回振動した。このコイルばねのばね定数はいくらか。

【10】 質量が 20 kg のおもりを静かに吊るすと 60 mm 伸びるコイルばねがある。このコイルばねに，荷重を加えない状態から同じおもりを急激に加えるとばねは振動する。このときの振動数はいくらか。

引用・参考文献

1) 山内恭彦：一般力学，増訂第 3 版，岩波書店 (1973)
2) 森口繁一：初等力学，培風館 (1973)
3) Richard P. Feynman, Robert B. Leighton and Matthew L. Sands 著，坪井忠二 訳：ファインマン物理学Ⅰ 力学，岩波書店 (1973)
4) 青木 弘，木谷 晋：工業力学，第 3 版，森北出版 (1997)
5) 三舩博史，一瀬謙輔：機械力学–基礎と演習–，東京電機大学出版局 (1996)
6) 吉村靖夫，米内山誠：工業力学（改訂版），機械系教科書シリーズ 17，コロナ社 (2016)
7) 伊藤勝悦：工業力学入門，第 3 版，森北出版 (2014)
8) 藤田勝久：振動工学–振動の基礎から実用解析入門まで–，森北出版 (2005)
9) 添田 喬，得丸英勝，中溝高好，岩井善太：振動工学の基礎，増補改訂版，日新出版 (2004)
10) 日本機械学会 編：振動学，JSME テキストシリーズ，日本機械学会 (2012)
11) 入江敏博：詳解 工業力学，理工学社 (1983)
12) 金原 粲 監修，末益博志，青木義男，荻原慎二，君島真仁，田畑昭久，服部泰久，早瀬仁則 著：工学系の力学–実例でわかる、基礎からはじめる工業力学–，専門基礎ライブラリー，実教出版 (2013)
13) 日本機械学会 編：機械工学のための力学，JSME テキストシリーズ，日本機械学会 (2014)
14) 渡辺久夫：親切な物理（上），復刊ドットコム (2003)

演習問題解答

0 章

【1】 (1) $57.3°$　(2) $\dfrac{7}{18}\pi = 1.22\,\mathrm{rad}$　(3) $\dfrac{1}{2}r^2\theta$　(4) $12.5\,\mathrm{m/s}$
　　 (5) $25\pi = 78.5\,\mathrm{rad/s}$　(6) $196\,\mathrm{N}$

【2】 $4.0 \times 10\,\mathrm{kg}$

【3】 (1) MT^{-2}　(2) ②

1 章

【1】 大きさ：$36.1\,\mathrm{N}$，向き：$30\,\mathrm{N}$ の力に対して $73.9°$

【2】 (1) $3.35\,F$，$45°$　(2) $4.46\,F$，$67.5°$

【3】 (1) $F_1 = 73.2\,\mathrm{N}$，$F_2 = 51.8\,\mathrm{N}$　(2) $F_1 = 100\,\mathrm{N}$，$F_2 = 86.6\,\mathrm{N}$

【4】 $116\,\mathrm{Nm}$

【5】 点 A のまわり：$2\sqrt{2}Fa$，点 O のまわり：$2\sqrt{2}Fa$

【6】 大きさ：$100\,\mathrm{N}$，向き：線分 AB に対して $60°$，作用線：線分 AB 上で点 A から $0.6\,\mathrm{m}$ の点を通る．

【7】 大きさ：$200\,\mathrm{N}$，向き：上向き，作用線：点 A から右に $2.21\,\mathrm{m}$ の点を通る．

【8】 大きさ：$2.64\,\mathrm{N}$，向き：$\overrightarrow{\mathrm{AB}}$ に対して $236°$，作用線：点 A から右に $13.0\,\mathrm{cm}$ の点を通る．

【9】 大きさ：$15.1\,\mathrm{N}$，向き：$\overrightarrow{\mathrm{AB}}$ に対して $42.5°$，作用線：直線 AB 上で点 A から右に $2.33\,\mathrm{m}$ の点を通る．

2 章

【1】 $F = 98.1\,\mathrm{N}$

【2】 $T_1 = 63.1\,\mathrm{N}$，$T_2 = 75.1\,\mathrm{N}$

【3】 $T_{\mathrm{AB}} = 88.0\,\mathrm{N}$，$T_{\mathrm{BC}} = 71.8\,\mathrm{N}$，$T_{\mathrm{CD}} = 124\,\mathrm{N}$，$m = 7.32\,\mathrm{kg}$

【4】 $F_{\mathrm{A}} = 566\,\mathrm{N}$，$F_{\mathrm{B}} = 708\,\mathrm{N}$，$F_{\mathrm{C}} = 245\,\mathrm{N}$，$F_{\mathrm{D}} = 425\,\mathrm{N}$

【5】 $N_{\mathrm{A}} = 523\,\mathrm{N}$，$N_{\mathrm{B}} = 1275\,\mathrm{N}$，$N_{\mathrm{C}} = 654\,\mathrm{N}$，$N_{\mathrm{D}} = 523\,\mathrm{N}$

【6】 (1) $R_{\mathrm{A}} = 2.55 \times 10^4\,\mathrm{N}$，$R_{\mathrm{B}} = 1.37 \times 10^4\,\mathrm{N}$　(2) $4.50\,\mathrm{t}$ 未満

【 7 】 $T = \dfrac{mg}{2\tan\theta_1 \cos\theta_2}$

【 8 】 $\alpha = \tan^{-1}\left(\dfrac{F}{mg}\right)$, $\beta = \tan^{-1}\left(\dfrac{2F}{mg}\right)$, $T = \sqrt{F^2 + (mg)^2}$

【 9 】 $F = 3.68 \times 10^3\,\mathrm{N}$

- 【10】〜【12】では引張力を正，圧縮力を負で表す。

【10】 $R_\mathrm{A} = 2\,\mathrm{kN}$, $\theta_\mathrm{A} = 150°$, $R_\mathrm{B} = 2\sqrt{3}\,\mathrm{kN} = 3.46\,\mathrm{kN}$, $\theta_\mathrm{B} = 60°$
$F_\mathrm{AC} = 2\,\mathrm{kN}$, $F_\mathrm{BC} = -2\sqrt{3}\,\mathrm{kN} = -3.46\,\mathrm{kN}$

【11】 $R_{\mathrm{A}x} = -8\,\mathrm{kN}$, $R_{\mathrm{A}y} = 5\,\mathrm{kN}$, $R_\mathrm{A} = \sqrt{89}\,\mathrm{kN} = 9.43\,\mathrm{kN}$, $\theta_\mathrm{A} = 148°$, $R_{\mathrm{B}x} = 8\,\mathrm{kN}$
$F_\mathrm{AB} = 4\,\mathrm{kN}$, $F_\mathrm{AC} = 6\,\mathrm{kN}$, $F_\mathrm{AD} = \sqrt{5}\,\mathrm{kN} = 2.24\,\mathrm{kN}$, $F_\mathrm{BD} = -4\sqrt{5}\,\mathrm{kN} = -8.94\,\mathrm{kN}$, $F_\mathrm{CD} = -2\,\mathrm{kN}$, $F_\mathrm{CE} = 6\,\mathrm{kN}$, $F_\mathrm{DE} = -3\sqrt{5}\,\mathrm{kN} = -6.71\,\mathrm{kN}$

【12】 $R_{\mathrm{A}x} = 0\,\mathrm{kN}$, $R_{\mathrm{A}y} = 3\,\mathrm{kN}$, $R_{\mathrm{B}y} = 4\,\mathrm{kN}$
$F_\mathrm{AC} = -3\,\mathrm{kN}$, $F_\mathrm{AE} = 0\,\mathrm{kN}$, $F_\mathrm{CE} = 3\sqrt{2}\,\mathrm{kN} = 4.24\,\mathrm{kN}$, $F_\mathrm{CG} = -3\,\mathrm{kN}$, $F_\mathrm{EG} = -2\,\mathrm{kN}$, $F_\mathrm{EH} = -\sqrt{2}\,\mathrm{kN} = -1.41\,\mathrm{kN}$, $F_\mathrm{GH} = -3\,\mathrm{kN}$, $F_\mathrm{EF} = 4\,\mathrm{kN}$, $F_\mathrm{BF} = 4\,\mathrm{kN}$, $F_\mathrm{BD} = 0\,\mathrm{kN}$, $F_\mathrm{BH} = -4\sqrt{2}\,\mathrm{kN} = -5.66\,\mathrm{kN}$, $F_\mathrm{DH} = 0\,\mathrm{kN}$, $F_\mathrm{FH} = 0\,\mathrm{kN}$

3 章

【 1 】 (1) $x_\mathrm{G} = 50\,\mathrm{mm}$, $y_\mathrm{G} = 20\,\mathrm{mm}$ (2) $x_\mathrm{G} = 0$, $y_\mathrm{G} = 9.39\,\mathrm{mm}$

【 2 】 $x_\mathrm{G} = 16.6\,\mathrm{mm}$, $y_\mathrm{G} = -17.5\,\mathrm{mm}$, $\theta = 43.4°$

【 3 】 (1) $x_\mathrm{G} = 61.3\,\mathrm{mm}$, $y_\mathrm{G} = 0$ (2) $x_\mathrm{G} = 66.1\,\mathrm{mm}$, $y_\mathrm{G} = 0$
(3) $x_\mathrm{G} = 0$, $y_\mathrm{G} = -2.25\,\mathrm{mm}$

【 4 】 (1) $x_\mathrm{G} = 19.4\,\mathrm{mm}$, $y_\mathrm{G} = 0$ (2) $x_\mathrm{G} = 18.9\,\mathrm{mm}$, $y_\mathrm{G} = 0$
(3) $x_\mathrm{G} = 53.3\,\mathrm{mm}$, $y_\mathrm{G} = 0$

【 5 】 (1) $S = 4.67 \times 10^3\,\mathrm{mm}^2$ (2) $V = 2.54 \times 10^4\,\mathrm{mm}^3$

【 6 】 $V = 8.38 \times 10^4\,\mathrm{mm}^3$, $S = 1.58 \times 10^4\,\mathrm{mm}^2$

【 7 】 $x_\mathrm{G} = 23.75\,\mathrm{mm}$, $y_\mathrm{G} = 48.75\,\mathrm{mm}$, $\theta = 26.0°$

【 8 】 $x_\mathrm{G} = 0.545\,\mathrm{m}$, $y_\mathrm{G} = 0.679\,\mathrm{m}$

【 9 】 $h < \sqrt{3}r$

【10】 $R_\mathrm{O} = 3.33\,\mathrm{kN}$, $R_\mathrm{A} = 2.00\,\mathrm{kN}$

【11】 合力の大きさ：$2.20 \times 10^5\,\mathrm{N}$，作用点の深さ：$h = 2.00\,\mathrm{m}$

4 章

【 1 】 (1) $t = 2.7\,\mathrm{s}$ (2) $v = 26.6\,\mathrm{m/s}$

演 習 問 題 解 答　　213

【2】 (1) $v = 17.7\,\text{m/s}$　　(2) $y = 14.8\,\text{m}$
【3】 (1) $t = 3.0\,\text{s}$　　(2) $x = 15.0\,\text{m}$　　(3) $v = 29.8\,\text{m/s}$
　　　(4) $\theta = 80.3°$
【4】 (1) $v = 17.0\,\text{m/s}$ で水平右方向　　(2) $t = 1.0\,\text{s}$　　(3) $y = 4.9\,\text{m}$
　　　(4) $t = 2.0\,\text{s}$　　(5) $x = 33.9\,\text{m}$
【5】 $v = 78.1\,\text{km/h}$,　東向きから南へ $5.19°$
【6】 (1) $y = 44.1\,\text{m}$　　(2) $v = 35.6\,\text{m/s}$
【7】 (1) $y = 15.3\,\text{m},\ t = 1.76\,\text{s}$　　(2) $t = 3.53\,\text{s},\ x = 35.3\,\text{m}$
【8】 $33.4\,\text{m/s},\ 41.6°$
【9】 (1) $0\,\text{m/s}$　　(2) 東向きに $15\,\text{m/s}$　　(3) 東向きに $4\,\text{m/s}$
　　　(4) 東から北へ $16.7°$ の向きに $10.4\,\text{m/s}$
【10】 $\omega = 26.2\,\text{rad/s},\ v = 23.6\,\text{m/s}$

5 章

【1】 $F = m\sqrt{a^2 + g^2},\ \tan\theta = \dfrac{a}{g}$
【2】 $F = 2\,750\,\text{N}$
【3】 $F = 14\,\text{N}$
【4】 $F = 11.8\,\text{kN}$
【5】 $s = \dfrac{v^2}{2\mu g}$
【6】 $\mu = \tan^{-1}\theta$
【7】 $v = \sqrt{g\cos\theta},\ a = g\cos\theta,\ T = mg\cos\theta$
【8】 $F = 256.3\,\text{N}$
【9】 $v = 8.7\,\text{m/s} = 31.3\,\text{km/h}$
【10】 $v = 22.9\,\text{m/s} = 82.4\,\text{km/h}$

6 章

【1】 $I_x = \dfrac{3}{2}MR^2,\ I_y = \dfrac{1}{2}MR^2,\ I_z = 2MR^2$
【2】 $I_x = \dfrac{1}{6}Mh^2,\ I_y = \dfrac{1}{12}Ma^2,\ I_{Gx} = \dfrac{1}{18}Mh^2,\ I_{Gz} = \dfrac{1}{12}Ma^2 + \dfrac{1}{18}Mh^2$
【3】 (1) $\dfrac{17}{40}MD^2$　　(2) 左端から $1.3h$ の位置, $I = \dfrac{17}{80}MD^2 + \dfrac{73}{300}Mh^2$
【4】 $I_{XX'} = 3.81\,\text{kg}\cdot\text{m}^2$
【5】 $T = 188\,\text{N}\cdot\text{m}$, 25 回転

【6】 (1) $\dfrac{1}{2}M(R^2+r^2)$ (2) $a_{中実}=\dfrac{2}{3}g\sin\theta$, $a_{中空}=\dfrac{2}{3+r^2/R^2}g\sin\theta$
∴ $a_{中実} > a_{中空}$

【7】 $\alpha_B = \dfrac{R_A R_B T}{R_B{}^2 I_A + R_A{}^2 I_B}$, $F_2 - F_1 = \dfrac{R_A I_B T}{R_B{}^2 I_A + R_A{}^2 I_B}$

【8】 $\alpha = \dfrac{mg(R-r)}{I+m(R^2+r^2)}$, $T_1 = \dfrac{I+mr(R+r)}{I+m(R^2+r^2)}mg$, $T_2 = \dfrac{I+mR(R+r)}{I+m(R^2+r^2)}mg$

【9】 $a = \dfrac{4T}{3M}$, $F = \dfrac{1}{3}T$

【10】 $a = \dfrac{RT(R\cos\theta - r)}{(I+MR^2)}$, $\theta = 60°$

7 章

【1】 $v = 13.1\,\text{m/s} = 47.1\,\text{km/h}$
【2】 $F = 539\,\text{kgf}$（ねじに加える力）→ $539 \times 25 = 850 \times F'$ $F' = 15.9\,\text{kgf}$（レバーに加える力）
【3】 $\mu = \tan\theta$
【4】 $F = \dfrac{2\mu}{\mu+\sqrt{3}}mg$
【5】 $W = -14.4\,\text{J}$
【6】 $F = 44.0\,\text{N}$
【7】 $F = 49\,\text{N}$, $F' = 39.2\,\text{N}$
【8】 $F = 22.6\,\text{N}$
【9】 $\tan\alpha = \dfrac{2}{30}$, $\alpha = 3.81°$
【10】 $\theta = 40.36°$

8 章

【1】 (1) $12\,\text{kN}$ (2) $0.19\,\text{m}$
【2】 (1) $a = -2.60 \times 10^5\,\text{m/s}^2$ (2) $F = 2.60 \times 10^3\,\text{N}$
【3】 $Ft = 8.3\,\text{N}\cdot\text{s}$, 水平から上に $30°$ の向き
【4】 $L = 0.08\,\text{m}$
【5】 A のはじめの速度とは逆向き, $v = 0.4\,\text{m/s}$
【6】 $v_A' = 0.7\,\text{m/s}$, $v_B' = 2.7\,\text{m/s}$
【7】 (1) $v = 3.2\,\text{km/h}$ (2) $v_A' = 2.8\,\text{m/s}$, $v_B' = 3.8\,\text{m/s}$
【8】 $v_A' = 2.0\,\text{m/s}$, $v_B' = 18\,\text{m/s}$

【9】 $v_A' = v/2$, $v_B' = \sqrt{3}v/2$, $e = 1$ であるので，完全弾性球である．
【10】 $Ft = 7.64\,\mathrm{N\cdot s}$, $s = 66.1\,\mathrm{m}$

9 章

【1】 $W = 0\,\mathrm{J}$
【2】 $W = 1\,\mathrm{J}$
【3】 $W = 6.75\,\mathrm{J}$
【4】 $W = (400 - 350) \times 30 = 1\,500\,\mathrm{J}$
【5】 $W = 317\,\mathrm{kJ}$
【6】 $P = 168\,\mathrm{W}$
【7】 $P = 35\,\mathrm{W}$
【8】 $F = 27.84\,\mathrm{kN}$, $P = 6.6 \times 10^3\,\mathrm{kW}$
【9】 $Ee = 0.245\,\mathrm{J}$, $v = 4.43\,\mathrm{m/s}$
【10】 $s = 10\,\mathrm{m}$
【11】 $v = 1.78\,\mathrm{m/s}$, $F = 0.53\,\mathrm{N}$, $T = 2.49\,\mathrm{N}$
【12】 $\dfrac{d^2 x_1}{dt^2} = \dfrac{(2W_2 - W_1)g}{W_1 + 4W_2}$

$\dfrac{d^2 x_2}{dt^2} = \dfrac{2(2W_2 - W_1)g}{W_1 + 4W_2}$

$T = \dfrac{3W_1 W_2}{W_1 + 4W_2}$

10 章

【1】 (1) $a = 4.9\,\mathrm{m/s^2}$　(2) $T = 0.45\,\mathrm{s}$
【2】 (1) $v = 6.9$　(2) $T = 0.31\,\mathrm{s}$
【3】 $k = 420\,\mathrm{N/m}$, $f_n = 2.66\,\mathrm{Hz}$
【4】 $0.017 \sim 17\,\mathrm{m}$
【5】 $\lambda = 0.459\,\mathrm{m}$
【6】 $y = 0.07 \cos \pi t$, $v = -0.07\pi \sin \pi t$, $a = -0.07\pi^2 \cos \pi t$
【7】 $T = 1.72\,\mathrm{s}$
【8】 $F = 22.2\,\mathrm{N}$, $T = 0.69\,\mathrm{s}$
【9】 $k = 1\,075\,\mathrm{N/m}$
【10】 $f_n = 2.03\,\mathrm{Hz}$

索　引

【あ】
圧縮材　49
圧　力　73
安定なすわり　71
安定な釣合い　71

【い】
位置エネルギー　178
移動支点　44

【う】
ウインチ　190
運　動　78
運動エネルギー　177
運動学　78
運動方程式　100
運動量　152
運動量保存の法則　155

【え】
エネルギー　177
円振動数　195
遠心力　105

【か】
回転運動　94, 122
──の方程式　110
回転支点　44
回転半径　111
角運動量　158
角加速度　94, 95
角振動数　195
角速度　94
角変位　94

【か】
過減衰　201
加速度　82, 170
滑　車　187
換算質量　167
慣　性　99
──の法則　99
慣性モーメント　110
慣性力　103

【き】
機械振動　194
機械の効率　191
基本単位　5
求心力　105
共　振　206
強制振動　194
極慣性モーメント　115
距　離　170

【く】
偶不釣合い　113
偶　力　27
くさび　144
組立単位　5

【け】
経　路　78
減衰固有角振動数　203
減衰固有周期　203
減衰固有振動数　203
減衰自由振動　200
減衰比　201

【こ】
剛　体　11, 18

【こ】
行　程　78
合　力　13
国際単位系　5
誤　差　1
固定支点　44
弧度法　7
固有円振動数　199
固有角振動数　199
固有周期　199
転がり摩擦係数　138

【さ】
差動滑車　189
作　用　41
作用線　12
作用点　12
作用・反作用の法則　40, 101

【し】
軸　受　148
次　元　5
仕　事　170
──の原理　188
仕事率　175
質　量　100
支　点　44
周　期　195
重　心　57
自由振動　194
自由度　195
瞬間中心　123
純粋モーメント　21
示力図　30
自励振動　194
振　動　194

振動系	196	力 比	186	【ひ】	
振動数	195	着力点	12	非減衰1自由度系の	
		中立なすわり	72	振動	196
【す】		中立な釣合い	72	引張材	49
垂直抗力	41	調和振動	195		
垂直反力	41	直列ばね	204	【ふ】	
スカラー	12, 80			不安定なすわり	71
スラスト軸受	148	【つ】		不安定な釣合い	71
		釣合い	34	複合滑車	188
【せ】		釣合せ	113	部 材	47
静止摩擦力	134			不足減衰	203
静的不釣合い	113	【て】		ブレーキ	142
静力学	11, 34	定滑車	187	分 力	15
絶対運動	93	て こ	186		
絶対誤差	1			【へ】	
絶対速度	93	【と】		平均値	194
切断法	52	等加速度直線運動	84	平衡点	194
節 点	48	動滑車	187	並進運動	78, 122
節点法	50	等価ばね	204	平面運動	122
		等速円運動	95	並列ばね	205
【そ】		等速度運動	81	ベクトル	12, 80
騒 音	194	動的不釣合い	113	ベルト	139
相対運動	92	動摩擦力	134	変 位	79
相対誤差	1	動力学	11	偏心衝突	165
相対速度	93	動 力	175		
速 比	187	トラス	48	【ほ】	
		トルク	20	放物運動	87
【た】				保存力	173
打撃の中心	168	【に】		骨組構造	47
ダランベールの原理	103	ニュートンの運動の法則	99		
単 位	5			【ま】	
単振動	195	【ね】		摩 擦	134
──の運動方程式	197	ね じ	146	摩擦角	135
弾性エネルギー	175			摩擦力	134
		【は】			
【ち】		バウの記号法	30	【も】	
力	11	パップスの定理	69	モーメントの腕	19
──の合成	13	はね返り係数	161		
──の三角形	13	ばね振り子	184	【ゆ】	
──の多角形	16	バリニオンの定理	21	有効数字	1
──の分解	15	反作用	41		
──のモーメント	11, 19	反発係数	161		
──の3要素	12	反 力	41		

索引

【ら】

ラジアル軸受	148
ラミの定理	36
ラーメン	48

【り】

力学	11
力学的エネルギー保存の法則	180
力積	153
——の振動	196
——の調和振動	197
1自由度振動系	196
——のモーメント	158
臨界減衰	202
輪軸	190

【れ】

連力図	30

【数字】

1自由度系	
2自由度	207

―― 著者略歴 ――

福田　勝己（ふくだ　かつみ）
- 1976年　東京電機大学工学部第二部機械工学科卒業
- 1980年　東京大学助手
- 1981年　工学院大学工学専攻科修了（機械工学専攻）
- 1993年　東京電機大学大学院工学研究科修士課程修了（電気工学専攻）
- 2000年　博士（工学）（東京大学）
- 2004年　東京工業高等専門学校教授
- 2014年　産業技術総合研究所客員研究員
- 2016年　東京工業高等専門学校名誉教授

鈴木　健司（すずき　けんじ）
- 1988年　東京大学工学部機械工学科卒業
- 1990年　東京大学大学院工学系研究科修士課程修了（機械工学専攻）
- 1993年　東京大学大学院工学系研究科博士課程修了（機械工学専攻）博士（工学）
- 1993年　東京大学助手
- 1995年　東京大学講師
- 2004年　工学院大学助教授
- 2007年　工学院大学准教授
- 2009年　工学院大学教授　現在に至る

工業力学の基礎
The Basis of Engineering Mechanics　　　Ⓒ Katsumi Fukuda, Kenji Suzuki 2016

2016年12月16日　初版第1刷発行　　　★
2023年 1 月20日　初版第3刷発行

検印省略	著　者	福　田　勝　己 鈴　木　健　司
	発行者	株式会社　コロナ社 代表者　牛来真也
	印刷所	三美印刷株式会社
	製本所	有限会社　愛千製本所

112-0011　東京都文京区千石4-46-10
発　行　所　株式会社　コロナ社
CORONA PUBLISHING CO., LTD.
Tokyo Japan
振替 00140-8-14844・電話(03)3941-3131(代)
ホームページ　https://www.coronasha.co.jp

ISBN 978-4-339-04648-9　C3053　Printed in Japan　　　　　　（新井）

〈出版者著作権管理機構　委託出版物〉
本書の無断複製は著作権法上での例外を除き禁じられています。複製される場合は, そのつど事前に, 出版者著作権管理機構（電話 03-5244-5088, FAX 03-5244-5089, e-mail: info@jcopy.or.jp）の許諾を得てください。

本書のコピー, スキャン, デジタル化等の無断複製・転載は著作権法上での例外を除き禁じられています。購入者以外の第三者による本書の電子データ化及び電子書籍化は, いかなる場合も認めていません。
落丁・乱丁はお取替えいたします。

機械系教科書シリーズ

（各巻A5判，欠番は品切です）

- ■編集委員長　木本恭司
- ■幹　　　事　平井三友
- ■編集委員　　青木　繁・阪部俊也・丸茂榮佑

配本順		書名	著者	頁	本体
1.	(12回)	機械工学概論	木本恭司 編著	236	2800円
2.	(1回)	機械系の電気工学	深野あづさ 著	188	2400円
3.	(20回)	機械工作法（増補）	平井三友・和田任弘・田邉弘往 共著	208	2500円
4.	(3回)	機械設計法	朝比奈奎一・宮奥田義春・黒田孝一・山口健二・志誠斎己 共著	264	3400円
5.	(4回)	システム工学	古荒吉浜 川井村 克徳洋藏 共著	216	2700円
6.	(5回)	材料学	久保井原 徳恵 共著	218	2600円
7.	(6回)	問題解決のための Cプログラミング	佐中藤村 男次郎理一 共著	218	2600円
8.	(32回)	計測工学（改訂版） ―新SI対応―	前木田村押田 良一至昭啓 共著	220	2700円
9.	(8回)	機械系の工業英語	牧生野水 秀之雅也州 共著	210	2500円
10.	(10回)	機械系の電子回路	高阪橋部 晴俊榮雄 共著	184	2300円
11.	(9回)	工業熱力学	丸木茂本 恭佑忠司 共著	254	3000円
12.	(11回)	数値計算法	藪伊藤 民恭男司紀友雄彦 共著	170	2200円
13.	(13回)	熱エネルギー・環境保全の工学	井木本山崎 民恭友光雄紀彦 共著	240	2900円
15.	(15回)	流体の力学	坂坂本田 光雅紘剛 共著	208	2500円
16.	(16回)	精密加工学	田明口石 二夫誠 共著	200	2400円
17.	(30回)	工業力学（改訂版）	吉米村内山 靖 共著	240	2800円
18.	(31回)	機械力学（増補）	青木繁 著	204	2400円
19.	(29回)	材料力学（改訂版）	中島正貴 著	216	2700円
20.	(21回)	熱機関工学	越老固吉本 智敏明一潔隆光也一 共著	206	2600円
21.	(22回)	自動制御	阪飯部田 俊賢 共著	176	2300円
22.	(23回)	ロボット工学	早櫟川野 恭弘明順弘彦 共著	208	2600円
23.	(24回)	機構学	矢重大松高 洋一敏男 共著	202	2600円
24.	(25回)	流体機械工学	小池勝 著	172	2300円
25.	(26回)	伝熱工学	丸矢茂尾野牧 榮匡佑秀州水 共著	232	3000円
26.	(27回)	材料強度学	境田彰芳 編著	200	2600円
27.	(28回)	生産工学 ―ものづくりマネジメント工学―	本位田皆川 光重健多郎 共著	176	2300円
28.	(33回)	ＣＡＤ／ＣＡＭ	望月達也 著	224	2900円

定価は本体価格+税です。
定価は変更されることがありますのでご了承下さい。

◆図書目録進呈◆

機械系 大学講義シリーズ

（各巻A5判，欠番は品切または未発行です）

■**編集委員長** 藤井澄二
■**編集委員** 臼井英治・大路清嗣・大橋秀雄・岡村弘之
　　　　　　黒崎晏夫・下郷太郎・田島清灝・得丸英勝

配本順				頁	本体
1.(21回)	材 料 力 学	西谷弘信著		190	2300円
3.(3回)	弾 性 学	阿部・関根共著		174	2300円
5.(27回)	材 料 強 度	大路・中井共著		222	2800円
6.(6回)	機 械 材 料 学	須藤 一著		198	2500円
9.(17回)	コンピュータ機械工学	矢川・金山共著		170	2000円
10.(5回)	機 械 力 学	三輪・坂田共著		210	2300円
11.(24回)	振 動 学	下郷・田島共著		204	2500円
12.(26回)	改訂 機 構 学	安田仁彦著		244	2800円
13.(18回)	流体力学の基礎（1）	中林・伊藤・鬼頭共著		186	2200円
14.(19回)	流体力学の基礎（2）	中林・伊藤・鬼頭共著		196	2300円
15.(16回)	流 体 機 械 の 基 礎	井上・鎌田共著		232	2500円
17.(13回)	工 業 熱 力 学（1）	伊藤・山下共著		240	2700円
18.(20回)	工 業 熱 力 学（2）	伊藤猛宏著		302	3300円
21.(14回)	蒸 気 原 動 機	谷口・工藤共著		228	2700円
23.(23回)	改訂 内 燃 機 関	廣安・實諸・大山共著		240	3000円
24.(11回)	溶 融 加 工 学	大中・荒木共著		268	3000円
25.(29回)	新版 工 作 機 械 工 学	伊東・森脇共著		254	2900円
27.(4回)	機 械 加 工 学	中島・鳴瀧共著		242	2800円
28.(12回)	生 産 工 学	岩田・中沢共著		210	2500円
29.(10回)	制 御 工 学	須田信英著		268	2800円
30.	計 測 工 学	山本・宮城・臼田 高辻・榊原 共著			
31.(22回)	シ ス テ ム 工 学	足立・酒井 高橋・飯國 共著		224	2700円

定価は本体価格＋税です。
定価は変更されることがありますのでご了承下さい。

図書目録進呈◆

機械系コアテキストシリーズ

(各巻A5判)

■編集委員長　金子 成彦
■編集委員　　大森 浩充・鹿園 直毅・渋谷 陽二・新野 秀憲・村上 存（五十音順）

	配本順			頁	本体
材料と構造分野					
A-1	(第1回)	材　料　力　学	渋谷 陽二／中谷 彰宏 共著	348	3900円
運動と振動分野					
B-1		機　械　力　学	吉村 卓也／松村 雄一 共著		
B-2		振　動　波　動　学	金子 成彦／姫野 武洋 共著		
エネルギーと流れ分野					
C-1	(第2回)	熱　　力　　学	片岡 勲／吉田 憲司 共著	180	2300円
C-2	(第4回)	流　体　力　学	鈴木 康方／関谷 直樹／彭 國義／松島 均／沖田 浩平 共著	222	2900円
C-3	(第6回)	エネルギー変換工学	鹿園 直毅 著	近刊	
情報と計測・制御分野					
D-1		メカトロニクスのための計測システム	中澤 和夫 著		
D-2		ダイナミカルシステムのモデリングと制御	髙橋 正樹 著		
設計と生産・管理分野					
E-1	(第3回)	機械加工学基礎	松村 隆／笹原 弘之 共著	168	2200円
E-2	(第5回)	機械設計工学	村上 存／柳澤 秀吉 共著	166	2200円

定価は本体価格+税です。
定価は変更されることがありますのでご了承下さい。

図書目録進呈◆